建筑工程新技术丛书

4
设备安装工程应用技术

主 编 林 寿 杨嗣信
副主编 余志成 侯君伟 高玉亭 吴 琏

中国建筑工业出版社

图书在版编目（CIP）数据

设备安装工程应用技术/林寿，杨嗣信主编．—北京：中国建筑工业出版社，2009
（建筑工程新技术丛书4）
ISBN 978-7-112-11134-3

Ⅰ．设… Ⅱ．①林…②杨… Ⅲ．房屋建筑设备-建筑安装工程-新技术应用 Ⅳ．TU8-39

中国版本图书馆CIP数据核字（2009）第118151号

建筑工程新技术丛书
4
设备安装工程应用技术
主 编 林 寿 杨嗣信
副主编 余志成 侯君伟 高玉亭 吴 璇
*
中国建筑工业出版社出版、发行（北京西郊百万庄）
各地新华书店、建筑书店经销
北京红光制版公司制版
北京同文印刷有限责任公司印刷
*
开本：850×1168毫米 1/32 印张：3⅝ 字数：105千字
2009年10月第一版 2009年10月第一次印刷
定价：10.00元
ISBN 978-7-112-11134-3
（18385）

版权所有 翻印必究
如有印装质量问题，可寄本社退换
（邮政编码100037）

本书是《建筑工程新技术丛书》之四,以设备安装工程应用技术为专题。主要介绍了近些年,建筑工程施工领域所采用的新技术、新工艺和新材料等,旨在为新技术的推广应用,起到促进作用。

* * *

责任编辑:周世明
责任设计:赵明霞
责任校对:王金珠　梁珊珊

《建筑工程新技术丛书》
编写委员会

组织编写单位：

北京市城建科技促进会

北京双圆工程咨询监理有限公司

主　编： 林　寿　杨嗣信

副主编： 余志成　侯君伟　高玉亭　吴　琏

编　委（按姓氏笔划）　王广鼎　王庆生　王建民

　　　　毛凤林　安　民　孙競立　杨嗣信　余志成

　　　　肖景贵　吴　琏　张玉明　林　寿　周与诚

　　　　侯君伟　赵玉章　高玉亭　陶利兵　程　峰

　　　　路克宽　薛　发

本册编写人员： 安　民　马　宁　王广鼎　王　雷

　　　　林孝青

前　言

建设部于1994年首次颁发了《关于建筑业1994、1995年和"九五"期间重点推广应用10项新技术的通知》，对促进我国建筑技术的发展起到了积极的作用。随后，于1998年根据我国建筑技术的发展新情况，又颁发了《关于建筑业进一步推广应用10项新技术的通知》，进一步推动了我国建筑新技术的发展。为此，我们于2003年在系统总结经验的基础上，组织编写了《建筑业重点推广新技术应用手册》，供广大读者阅读参考。

随着我国建筑技术水平的不断提高，建设部于2004年对10项新技术进一步进行了修订，并于2005年又颁发了《关于进一步做好建筑业10项新技术推广应用的通知》，将10项新技术的范围扩大到铁路、交通、水利等土木工程。为此，我们根据21世纪以来新颁布的标准和建筑技术发展的新成果，以房屋建筑为主，突出施工新技术以及有关建筑节能技术，组织摘选编写了本系列丛书。

本书共分6册，第一册地基基础工程和基坑支护工程；第二册新型模板、高效钢筋、钢筋连接及高性能混凝土应用技术；第三册预应力技术；第四册设备安装工程应用技术；第五册围护结构节能技术及新型空调和采暖技术；第六册钢结构工程。

本丛书仅摘选了有关房屋建筑施工中一些新技术内容，在编写中难免存在挂一漏万和错误之处，恳请批评指正。

编　者

目 录

1. 金属矩形风管薄钢板法兰连接技术 ⋯⋯⋯⋯⋯⋯ 1
   1.1 概况 ⋯⋯⋯⋯⋯⋯⋯⋯⋯⋯⋯⋯⋯⋯⋯⋯⋯ 1
   1.2 材料和机械选用 ⋯⋯⋯⋯⋯⋯⋯⋯⋯⋯⋯⋯ 3
   1.3 施工技术 ⋯⋯⋯⋯⋯⋯⋯⋯⋯⋯⋯⋯⋯⋯⋯ 3
   1.4 质量检验评定标准 ⋯⋯⋯⋯⋯⋯⋯⋯⋯⋯⋯ 15
2. 管线布置综合平衡技术 ⋯⋯⋯⋯⋯⋯⋯⋯⋯⋯⋯ 17
   2.1 概况 ⋯⋯⋯⋯⋯⋯⋯⋯⋯⋯⋯⋯⋯⋯⋯⋯⋯ 17
   2.2 设备选用 ⋯⋯⋯⋯⋯⋯⋯⋯⋯⋯⋯⋯⋯⋯⋯ 21
   2.3 施工技术 ⋯⋯⋯⋯⋯⋯⋯⋯⋯⋯⋯⋯⋯⋯⋯ 21
   2.4 质量检验评定标准 ⋯⋯⋯⋯⋯⋯⋯⋯⋯⋯⋯ 33
3. 冷缩、热缩电缆头制作技术 ⋯⋯⋯⋯⋯⋯⋯⋯⋯ 34
   3.1 概况 ⋯⋯⋯⋯⋯⋯⋯⋯⋯⋯⋯⋯⋯⋯⋯⋯⋯ 34
   3.2 交联聚乙烯绝缘电缆及其附件 ⋯⋯⋯⋯⋯⋯ 40
   3.3 冷缩、热缩等电缆终端头和接头制作 ⋯⋯⋯ 50
   3.4 电缆终端头和接头的施工验收 ⋯⋯⋯⋯⋯⋯ 81
4. 给水钢塑复合管施工技术 ⋯⋯⋯⋯⋯⋯⋯⋯⋯⋯ 87
   4.1 概况 ⋯⋯⋯⋯⋯⋯⋯⋯⋯⋯⋯⋯⋯⋯⋯⋯⋯ 87
   4.2 材料和机械选用 ⋯⋯⋯⋯⋯⋯⋯⋯⋯⋯⋯⋯ 89
   4.3 施工技术 ⋯⋯⋯⋯⋯⋯⋯⋯⋯⋯⋯⋯⋯⋯⋯ 89
   4.4 质量检验评定标准 ⋯⋯⋯⋯⋯⋯⋯⋯⋯⋯⋯ 93
5. 给水管道卡压连接技术 ⋯⋯⋯⋯⋯⋯⋯⋯⋯⋯⋯ 94
   5.1 概况（包括适用特点） ⋯⋯⋯⋯⋯⋯⋯⋯⋯ 94
   5.2 材料和机械选用 ⋯⋯⋯⋯⋯⋯⋯⋯⋯⋯⋯⋯ 97
   5.3 施工技术 ⋯⋯⋯⋯⋯⋯⋯⋯⋯⋯⋯⋯⋯⋯⋯ 97
   5.4 质量检验评定标准 ⋯⋯⋯⋯⋯⋯⋯⋯⋯⋯⋯ 106

主要参考文献 ⋯⋯⋯⋯⋯⋯⋯⋯⋯⋯⋯⋯⋯⋯⋯⋯ 109

1. 金属矩形风管薄钢板法兰连接技术

1.1 概 况

1. 主要技术内容

金属矩形风管薄钢板法兰连接技术，是近年来风管加工制作的新技术，与传统角钢法兰连接技术相比，具有制作、安装生产效率高，操作劳动强度降低，产品质量易于控制等特点。不仅在国外广泛应用，在我国也已具有一定市场应用量。

薄钢板法兰风管成型时，在管壁的端面将本体轧制出法兰（或镀锌板制作的法兰条），用于管道的连接。薄钢板法兰风管按连接形式可分为弹簧夹式、插接式、顶丝式三种形式，通常采用弹簧夹式紧固，仅在薄钢板法兰风管与风阀、设备连接时采用顶丝式（U形螺栓）连接形式。

薄钢板法兰风管的制作，根据施工实施情况进行，可采用单机设备分工序完成风管制作，也可采用在计算机控制下，将下料、风管管板及法兰成型一次完成的直风管制作流水线。机械化生产流水线使用镀锌板卷材，根据风管需要从连续进行管材下料到半成品加工完成，全部工序只需 30s，实现了直风管加工和风管配件下料的自动化。异形风管可采用数控等离子切割设备下料，有效节省传统展开下料繁琐操作的时间，节省了材料。风管生产时，同时还由设备压出楞筋，排列规则美观。因此，从产品质量和费用控制角度，专业厂家机械化生产更为有利，如图1-1-1、图1-1-2。

(1) 主要优点是：

①工厂化规模生产，产品精度高，质量性能好，外形美观。

1. 金属矩形风管薄钢板法兰连接技术

图 1-1-1　薄钢板法兰风管制作成品

图 1-1-2　薄钢板法兰风管安装成品

②制作和安装工艺的改进使风管系统漏风量大为降低，有利于保证系统功能的实现，对节能也大有益处。

③现场制作量少，可以成品风管进场安装，工地上可减少一个高噪声源，节省施工用地，同时机械加工下料准确、材料消耗低、基本上无废料，有利于环境保护和文明施工。

④风管定型加工制作，配套采用镀锌槽形钢和镀锌通丝吊杆，连接操作方便，劳动生产率可大幅提高。

⑤较多安装公司已具备加工流水线，可自行生产，或通过社会招标方式优选出质量好、价格低的供货单位。

(2) 薄钢板法兰风管的一些难点需引起重视，主要有以下几个方面：

①对施工单位的技术实力要求较高，现场管理要较为完善。

②风管本身强度受到一定限制，对风管加固、支吊架做法和间距等需要严格要求，防晃支架、固定支架一定要考虑周全。

③风管的生产成本还要进一步下降。

薄钢板法兰风管的制作、安装的质量控制点多、要求高，由于其制作工艺相对安装来说是全新的技术，而风管安装时受人为因素影响较大，需要在实际推广中进一步完善，相信随着建筑标准的不断提高，施工单位的技术水平、管理水平逐步提高，薄钢板法兰风管将具有更为广泛的发展空间。

2. 技术指标

金属矩形风管薄钢板法兰连接技术的技术指标应符合国家标准《通风与空调工程施工质量验收规范》GB 50243—2002，以及原建设部部颁标准《通风管道技术规程》JGJ 141—2004 的规定。

3. 适用范围

薄钢板法兰风管适用于中、低压通风及空调工程中的送、排风系统（含空调净化系统）。风管长边尺寸一般为 2000mm 以下。

4. 已应用的典型工程

金属矩形风管薄钢板法兰连接技术在国内许多高层建筑、大型公共建筑、工业厂房等通风空调工程中送、排风的中、低压系统及空调系统（含净化空调系统）中得到普遍应用。比较典型的工程有北京东方广场、中国银行大厦、北京远洋大厦、国家大剧院等大型工程。

1.2 材料和机械选用

矩形直风管加工流水线、等离子切割机、组合式法兰机、电动铆接机、电动合缝机、薄钢板法兰成型机等。

1.3 施工技术

1. 施工设计内容

（1）工艺性检验

依据《通风与空调工程施工质量验收规范》GB 50243—2002 第 4.2.5 条，风管必须通过工艺性的检测或验证，其强度和严密性要求应符合设计或下列要求：风管的强度应能满足在 1.5 倍工作压力下接缝处无开裂；风管的允许漏风量应符合以下内容：

1. 金属矩形风管薄钢板法兰连接技术

低压系统风管　　$Q_L \leqslant 0.1056 P^{0.65}$

中压系统风管　　$Q_M \leqslant 0.0352 P^{0.65}$

高压系统风管　　$Q_H \leqslant 0.0117 P^{0.65}$

式中　Q_L、Q_M、Q_H——系统风管在相应工作压力下，单位面积风管单位时间内的允许漏风量 [m³/(h·m²)]；

　　　　P——指风管系统的工作压力（Pa）。

检查数量按风管系统的类别和材质分别抽查，不得少于3件及15m²；检查方法：检查产品合格证明文件和测试报告，或进行风管强度和漏风量测试。

风管制作单位应制作样品，按风管系统的类别和材质分别进行抽查（现场制作风管可由具备检验能力的施工单位进行风管强度和漏风量测试，不具备条件的也可将样品送授权检测机构检测，提供合格的检测报告；外购成品风管则应检查产品的合格证明文件和测试报告，由厂家进行检验）。风管经检测或验证合格，说明其加工工艺符合质量验收规范的规定，施工单位也应严格按此工艺进行风管制作。

某工程检验报告结果实例如表1-3-1。

薄钢板法兰矩形风管漏风量检验结果　　　　表1-3-1

风管内静压 (Pa)	漏风量标准值 [m³/(h·m²)]	风管尺寸（mm×mm）		
		1000×400	1250×630	2000×2000
		漏风量检验值 [m³/(h·m²)]		
500	2.00	0.56	0.58	0.67
700	2.49	0.64	0.64	0.84
1000	3.14	0.98	1.00	1.02
1500	4.08	1.08	1.14	1.65
2300	—	风管接缝处无开裂		

注：该工程所用风管最大工作压力为1450Pa。

(2) 材料确定

普通钢板的表面应平整光滑,厚度应均匀,允许有紧密的氧化铁薄膜;不得有裂纹结疤等缺陷,其材质应符合现行《优质碳素结构钢冷轧薄钢板和钢带》GB 13237、《优质碳素结构钢热轧薄钢板和钢带》GB 710 的规定。由于其加工工艺的特殊性,原材料除应符合上述规范的要求外,对其弯折时镀锌层不脱落的性能,也有高标准要求。镀锌钢板(带)宜选用机械咬合类,镀锌层为 100 号以上(双面三点试验平均值应不小于 $100g/m^2$)的材料。

镀锌钢板及各类含有复合保护层的钢板,应采用咬口连接或铆接,不得采用影响其保护层防腐性能的焊接连接方法。

镀锌层表面应完整且无裂纹、结疤、白花、水垢等缺陷。

(3) 供货厂家确定

薄钢板法兰风管加工工艺和原材料确定后,风管加工的技术要求已经明确,在对具备加工能力厂家进行资质审查、技术装备考察后确定风管的生产厂家。

(4) 供应方式的确定

薄钢板法兰风管和管配件制作多为专业厂家机械化生产,供货可分为成品或 L 片、口字片散件进场,一般只要施工现场条件允许、运输便利,宜采用成品进场的方式。这样有助于保证产品质量,减少现场工作量,降低施工噪声,提高劳动效率,而缺点是运输费用偏高。

(5) 施工流程的确定

施工流程图如下:

施工准备 → 现场实测管道位置和分段 →
统计各类风管及管配件数量下达加工单 →
管道制作及样品强度严密度检验 → 管配件制作 →
制作质量检验 → 产品进场开始管道安装及质量样板的确定 →
漏光及漏风检验 → 安装质量检验

1. 金属矩形风管薄钢板法兰连接技术

施工流程中的重点环节包括现场实测管道位置和分段、统计各类风管及管配件数量下达加工单、管道制作及样品强度严密度检验、制作质量检验、产品进场开始管道安装及质量样板的确定、漏光及漏风检验、安装质量检验等。

2. 施工工艺

(1) 翻样

薄钢板法兰风管多为外加工订货，对翻样的精确程度要求很严格。技术人员应在现场按图纸核算风管尺寸，并综合考虑其他工种配合施工的影响，按每节管段的标准尺寸，统计出不同断面尺寸管段和各类管配件的加工数量，分别列出编号，再根据现场进度要求，向厂家下达加工单。

翻样过程中要特别注意分支管和送回风口的开口处不应落在法兰上，开口处尽可能做咬口连接，风管法兰位置不能进墙，风管与阀件衔接处理、风管与支架衔接处理等因素，如安装不便应加工有活套法兰的短管，要确保外加工的管段和配件在现场能顺利安装。

翻样时，与风管直接连接的风口、风阀、软管、消声器等与薄钢板法兰风管连接方式也要考虑周全。

(2) 制作

1) 风管系统按其系统的工作压力划分为三个类别，薄钢板法兰风管使用范围多在中、低压风管，其类别划分见表1-3-2。

风管系统类别划分（按工作压力）　　　　表1-3-2

系统类别	系统工作压力 P (Pa)	密 封 要 求
低压系统	$P \leqslant 500$	接缝和接管连接处严密
中压系统	$500 < P \leqslant 1500$	接缝和接管连接处增加密封措施
高压系统	$P > 1500$	所有的拼接缝和接管连接处，均应采取密封措施

2) 薄钢板法兰风管连接形式及适用范围，见表1-3-3。

1.3 施工技术

薄钢板法兰风管连接形式及适用范围 表 1-3-3

连接形式		附件规格		适用范围(风管边长,mm)	
薄钢板法兰	弹簧夹式	h＝法兰高度 δ＝风管壁厚 $h\times\delta$(mm×mm) 弹簧夹板厚 ≥1.0mm 弹簧夹长度 150mm	25×0.6	≤630	≤630
			25×0.75	≤1000	≤1000
	插接式		30×1.0	≤2000	≤2000
	顶丝卡式	顶丝卡厚≥3mm M8 螺钉	40×1.2	≤2000	≤2000

3) 薄钢板法兰风管钢板或镀锌钢板的厚度不得小于表 1-3-4 要求。

钢板风管板材厚度（mm） 表 1-3-4

类别风管直径 D 或长边尺寸 b	矩形风管		
	中、低压系统	高压系统	除尘系统风管
$D(b)\leq 320$	0.5	0.75	1.5
$320<D(b)\leq 450$	0.6	0.75	1.5
$450<D(b)\leq 630$	0.6	0.75	2.0
$630<D(b)\leq 1000$	0.75	1.0	2.0
$1000<D(b)\leq 1250$	1.0	1.0	2.0
$1250<D(b)\leq 2000$	1.0	1.2	按设计
$2000<D(b)\leq 4000$	1.2	按设计	

注：排烟系统风管钢板厚度可按高压系统选取；特殊除尘系统风管钢板厚度应符合设计要求；此表不适用于地下人防与防火隔墙的预埋管。

4) 薄钢板法兰风管一般采用电脑控制全自动生产线制作，以保证风管的加工精度和成品质量。其中有两种法兰高度尺寸如图 1-3-1 一般选用法兰高度 25mm 的产品，高度偏差±1.0mm。

从风管强度以及加工设备条件方面考虑，部分厂家也可以提供法兰高度为30mm，这会对风管增加强度有帮助。法兰连接用角件为厚度1.5mm的镀锌钢板冲压成形。

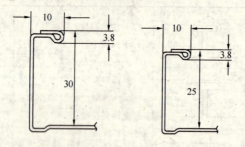

图 1-3-1 两种薄钢板法兰高度尺寸图

5）风管全自动生产线采用电脑控制，人工输入控制数据，生产线自动完成风管制作（镀锌钢板卷材开卷、校平、压筋、倒角、剪板下料、咬口成型、法兰成型、折方）大部分工序，工厂从成本考虑一般没有自动合口机，而采用人工组装风管、密封成型。

管配件包括三通、弯头、变径管、来回弯、短管等，其板材厚度同风管。管配件加工首先由风管全自动生产线完成镀锌钢板卷材的开卷、校平、压筋、剪板工序；然后技术人员根据加工单，在等离子自动切割机控制电脑上进行选样（电脑内存有各种管配件的下料图样）、尺寸输入，则等离子切割机可对板材完成切割成型（单片）、倒角；最后压边咬口、法兰成型的工序需采用咬口机和专门的连体法兰成型机，人工拼接组装管配件以及密封成型。

6）薄钢板法兰风管在将角件与风管组装成型时，风管四角处的角件与法兰四角接口的固定应稳固、紧贴，端面应平整，应避免将风管与角件插接后产生端面缝隙，相连处不应有大于2mm的连续穿透缝。调整法兰口的平面度后，再将角件与风管法兰铆（压）接。铆（压）接点间距应不大于150mm，不得存在漏铆（压）和脱铆（压）现象。风管四角处应在内外侧都涂抹密封膏，表面与法兰面平齐。

7）生产线以用镀锌卷板加工风管为宜，板宽选用1250mm的规格，薄钢板法兰风管成型后管段标准长度为170mm。根据钢板制造精度，其误差为±2mm。

8）薄钢板法兰风管的咬口形式可以是按扣式咬口或联合角咬口。从风管严密性考虑，风管多采用联合角咬口形式，风管大边采用单口，小边采用双口。

9）风管的密封，应以板材连接的密封为主，可采用密封胶嵌缝和其他方法密封。密封胶性能应符合使用环境的要求，密封面宜设在风管的正压侧。

10）矩形风管弯管的制作，一般应采用曲率半径为一个平面边长的内外同心弧形弯管。当采用其他形式的弯管，平面边长大于500mm时，必须设置弯管导流片。

（3）加固

矩形风管边长大于630mm、保温风管边长大于800mm，管段长度大于1250mm或低压风管单边平面积大于$1.2m^2$，中、高压风管大于$1.0m^2$，均应采取加固措施。

风管加固可采用楞筋、立筋、角钢（内、外加固）、扁钢、加固筋和管内支撑等形式。

风管加固的主要要求包括：楞筋或楞线的加固，排列应规则，间隔应均匀，板面不应有明显的变形；管内支撑与风管的固定应牢固，各支撑点之间或与风管的边沿或法兰的间距应均匀；内支撑加固采用螺纹杆或钢管，其支撑件两端专用垫圈应置于风管受力（压）面，螺纹杆直径宜不小于8mm，垫圈外径应大于30mm，钢管与加固面应垂直，长度应与风管边长相等；管内两加固支撑件交叉成十字形时，其支撑件对应两个壁面的中心点应前移和后移1/2螺杆或钢管直径的距离；风管的法兰强度低于规定强度时，可采用外加固框和管内支撑进行加固，加固件距风管端面的距离应不大于250mm；纵向加固时，风管对称面的纵向加固位置应上、下对称，长度与风管长度齐平。

1. 金属矩形风管薄钢板法兰连接技术

薄钢板法兰风管加固的方法应参照《通风管道技术规程》JGJ 141—2004 采用查找镀锌钢板矩形风管横向连接刚度等级表 3.2.1-2、镀锌钢板矩形风管加固刚度等级表 3.2.1-3、镀锌钢板矩形风管横向连接允许最大间距表 3.2.1-4、镀锌钢板矩形风管横向加固允许最大间距表 3.2.1-5、薄钢板法兰矩形风管横向加固允许最大间距表 3.2.1-6 的要求，进行选择和确定。

流水线生产的风管管壁多已压出加强筋，一般采用点加固形式中螺杆内支撑方法进行加固。

综合考虑风管系统的质量性能、加工、安装、美观程度等因素，一般工程风管标准加固时，宜采用风管壁压筋并配合镀锌通丝螺杆内支撑的方式。这样露出风管外的丝杆，要求平口或二牙左右即可，保温施工时保温层就不至于有太大的凸起，使风管安装的外观质量最好。

某工程加固情况实例如下（风管管壁已压出加强筋，管段长度由于使用卷板，长度一定，因此在多数情况下采用点加固形式中螺杆内支撑即可满足要求）：

1) 通丝螺杆内支撑加固，如图 1-3-2。

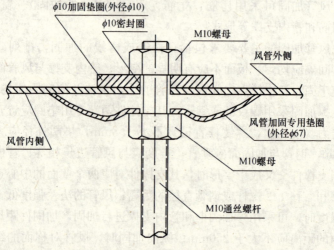

图 1-3-2 通丝螺杆内支撑加固示意图

2) 确定了两种中、低压薄钢板法兰风管加固方式及 C 型和 C/F 型加固方式，见表 1-3-5、图 1-3-3。

中低压风管加固方式选用表　　　　表 1-3-5

风管大边长 b (mm)	低压风管		中压风管	
	壁厚 (mm)	加固方式	壁厚 (mm)	加固方式
$b \leqslant 320$	0.5	—	0.5	—
$320 < b \leqslant 450$	0.6	—	0.6	—
$450 < b \leqslant 630$	0.6	—	0.6	—
$630 < b \leqslant 1000$	0.75	—	0.75	—
$1000 < b \leqslant 1250$	1.0	C	1.0	C
$1250 < b \leqslant 2000$	1.0	C/F	1.0	C/F

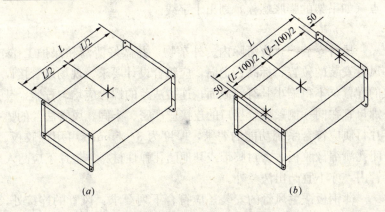

图 1-3-3　风管加固方式示意图
(a) C 型加固方式；(b) C/F 型加固形式

3) 对于矩形风管大边大于 1250mm，且小边大于 630mm 的除了按上述方法加固外，其管内壁靠近法兰口四角处，还需用 30×4 镀锌扁钢斜支撑，以使风管四壁相互垂直，如图 1-3-4（此做法也参考了美国"SMACNA"标准）。

(4) 放线

薄钢板法兰风管为外加工的成品风管，管段和管件只能是按编号组对、安装，不能随意改动，放线要准确，否则会造成安装困难。

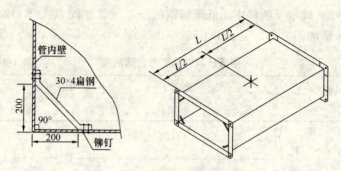

图 1-3-4 大口径风管内壁斜支撑

风管安装前沿风管走向弹出定位线，管配件要先定位，再核对管段的位置。对支吊架的设置应提前布局，并在支吊架的生根点（如吊架的膨胀螺栓）划出十字线。

（5）安装

风管安装前，应清除内、外杂物，并做好清洁和保护工作；风管安装的位置、标高、走向，应符合设计要求。现场风管接口的配置，不得缩小其有效截面；连接法兰的螺栓应均匀拧紧，其螺母宜在同一侧；风管接口的连接应严密、牢固。风管法兰的垫片材质应符合系统功能的要求，厚度为 3～5mm，可用橡胶板、闭孔海绵橡胶板、密封胶带或其他闭孔弹性材料。垫片不应凸入管内，亦不宜凸出法兰外。

薄钢板法兰风管的安装还应符合下列要求：风管的连接处，应完整无缺损、表面应平整，无明显扭曲；弹簧夹的长度应为 120～150mm，弹簧夹或顶丝卡、紧固螺栓应分布均匀，间隔不应大于 150mm，且无松动现象，最外端的连接件距风管边缘不应大于 100mm。风管的法兰四角要用镀锌螺栓紧固。法兰端面粘贴密封胶条并紧固法兰四角螺栓后，方可安装插条或弹簧夹、顶丝卡。弹簧夹、顶丝卡不应有松动现象；组合型薄钢板法兰可利用插入风管管端的法兰条，调整法兰口的平面度后，再将法兰条与风管铆接（或本体铆接）。管段连接前在四角处插入角件，并在法兰平面粘贴密封条。

(6) 支吊架

1) 支吊架制作：薄钢板法兰风管水平安装一般采用吊架，立管采用支架。风管支、吊架的固定件、吊杆、横担和所有配件材料的应用，应符合其载荷额定值和应用参数的要求。

支吊架的形式和规格应按《通风管道技术规程》JGJ 141—2004 或有关标准图集与规范选用，直径大于 2000mm 或边长大于 2500mm 的超宽、超重特殊风管的支、吊架应按设计要求。

风管支吊架制作应符合以下要求：支吊架的下料宜采用机械加工，采用电气焊切割后，应对切割口进行打磨处理；不得采用电气焊开孔或扩孔；吊杆应平直，螺纹应完整、光洁；吊杆加长可采用以下方法拼接：采用搭接双侧连续焊，搭接长度不应小于吊杆直径的 6 倍；采用螺纹连接时，拧入连接螺母的螺纹长度应大于吊杆直径，并有防松动措施。

部分工程采用镀锌槽形钢和镀锌通丝吊杆的组合，比较有特色。其优点是可以利用通丝吊杆调整风管标高，拆装方便；吊架整体为镀锌件，不用进行防腐、油漆工序，减少了施工现场的污染；吊架表面处理效果好，外形美观，与镀锌钢板制作的风管浑然一体。其缺点是槽形钢的刚度没有角钢、槽钢、工字钢高，在同等情况下，吊架横担易产生挠度，在一定程度上影响美观；材料相对传统的钢制吊架，造价有所提高。

矩形金属水平风管在最大允许安装距离下，吊架的最小规格，见表 1-3-6。

金属矩形水平风管吊架的最小规格（mm）　　　表 1-3-6

风管长边 b	吊杆直径	吊架规格	
		角钢	槽形钢
$b \leqslant 400$	Φ8	L25×3	[40×20×1.5
$400 < b \leqslant 1250$	Φ8	L30×3	[40×40×2.0
$1250 < b \leqslant 2000$	Φ10	L40×4	[40×40×2.5
$2000 < b \leqslant 2500$	Φ10	L50×5	—
$b > 2500$	按设计确定		

2) 支吊架安装：按照设计图纸、根据土建基准线确定风管标高，并按风管系统所在的空间位置确定风管支吊架形式，设置支吊点，风管支吊架的形式、材质、尺寸、安装间距、制作精度、焊接等应符合设计要求。吊杆、横担应根据风管安装标高适当截取，安装前调直，同一水平面纵横方向应成一直线，无偏差。吊杆丝扣末端不宜超出托架最低点。

风管安装后，支、吊架受力应均匀，且无明显变形，吊架的横担挠度应小于 9mm。矩形风管立面与吊杆的间隙不宜大于 150mm；吊杆距风管末端不应大于 1000mm。水平悬吊的风管长度超过 20m 的系统，应设置不少于 1 个防止风管摆动的固定支架。

支吊架的预埋件应位置正确、牢固可靠，埋入部分应除锈、除油污，并不得涂漆。支吊架外露部分须作防腐处理。支吊架不应设置在风口处或阀门、检查门和自控机构的操作部位，距离风口或插接管不宜小于 200mm。

薄钢板法兰风管（含保温）水平安装时，支、吊架间距不应大于 3000mm。水平弯管在 500mm 范围内应设置一个支架；支管距干管 1200mm 范围内应设置一个支架。金属风管垂直安装时，其支架间距不应大于 4000mm，长度不小于 1000mm，单根直风管至少应设置 2 个固定点。

（7）风管系统的严密性检验

风管系统安装后，必须进行严密性检验，合格后方能交付下道工序。风管系统严密性检验以主、干管为主。在加工工艺得到保证的前提下，低压风管系统可采用漏光法检测。

风管系统安装完毕后，应按系统类别进行严密性检验，漏风量应符合设计与规范要求。风管系统的严密性检验，应符合下列要求：低压系统风管的严密性检验应采用抽检，抽检率为 5%，且不得少于 1 个系统；在加工工艺得到保证的前提下，采用漏光法检测，检测不合格时，应按规定的抽检率做漏风量测试。中压系统风管的严密性检验，应在漏光法检测合格后，对系统漏风量测试进行抽检，抽检率为 20%，且不得少于 1 个系统；高压系统风管的严密性检验，应全数进行漏风量测试。

系统风管严密性检验的被抽检系统，全数合格，则视为通过；如有不合格，则应再加倍抽检，直至全数合格。

1.4 质量检验评定标准

1. 风管制作与安装的质量控制和检验应符合设计要求和《通风管道技术规程》JGJ 141—2004 的规定。风管制作与安装的质量验收应符合设计要求和《通风与空调工程施工质量验收规范》GB 50243 的规定。

2. 风管制作验收时，应按其风管材料、风管系统工作压力和输送气体的不同分别进行。工程中使用的外购成品风管，必须有相应的产品合格证及检测机构提供的风管耐压强度、严密性检测报告。成品风管的生产单位，应对不同工艺、不同类型的风管通过检测机构进行风管工艺性试验，包括风管的耐压强度和漏风量试验，并在供货时提交相关的检测报告。

金属风管板材厚度进行尺量。矩形风管的壁厚测量，分别在管口两端，相应的相邻两面中部，距管口大于 20mm 处测量，取 4 个测量结果的算术平均值。

金属风管的制作，符合风管与配件的咬口缝应紧密、宽度应一致；折角应平直，圆弧应均匀；两端面平行。风管无明显扭曲与翘角；表面应平整，凹凸不大于 10mm。风管外径或外边长的允许偏差：当不大于 300mm 时，为 2mm；当大于 300mm 时，为 3mm。管口平面度的允许偏差为 2mm，矩形风管两条对角线长度之差不应大于 3mm。

矩形风管长（短）边长各测量 2 次，取其测量数值的算术平均值分别为该风管的长（短）边边长。

矩形风管表面不平度的测量，是将 2m 长板尺侧立在风管外表面的两对角线，用塞尺测量管外表面与尺之间间隙的最大值，

1. 金属矩形风管薄钢板法兰连接技术

作为该风管表面不平度。通风管管道规格的验收，以外径或外边长为准，风道以内径或内边长为准。

矩形风管长边直径不大于 1000mm 时，将风管放在刚性平板平面上，用塞尺测量管口平面与刚性平板之间间隙的最大值；矩形风管大边长大于 1000mm 时，将多功能检测尺或靠尺分别沿管口对角线横跨在管口平面上，用金属刻度尺测量检测尺或靠尺与管口平面之间间隙的最大值。

矩形风管对角线之差，用钢卷尺分别在管段两端口测量、计算两组对角线之差，取其最大值为该风管管口对角线之差。

薄钢板法兰风管的附件，其尺寸应准确，开头应规则，接口处应严密；薄钢板法兰的折边（或法兰条）应平直，弯曲度不应大于 5/1000；弹性插条或弹簧夹应与薄钢板法兰相匹配；角件与风管薄钢板法兰四角接口的固定应稳固、紧贴，端面应平整、相连处不应有缝隙大于 2mm 的连续穿透缝。

制作允许偏差，见表 1-4-1。

风管及法兰制作的允许偏差　　　　表 1-4-1

风管边长 b 或直径 D		允许偏差（mm）			
		边长	矩形风管表面平面度	矩形风管管口对角线之差	法兰或管口端面平面度
金属风管	$b(D) \leqslant 320$	$\leqslant 2$	$\leqslant 10$	$\leqslant 3$	$\leqslant 2$
	$b(D) > 320$	$\leqslant 3$			

3. 风管安装验收时，连接应平直、不扭曲。明装风管水平安装，水平度的允许偏差为 3/1000，总偏差不应大于 20mm。明装风管垂直安装，垂直度的允许偏差为 2/1000，总偏差不应大于 20mm。暗装风管的位置，应正确、无明显偏差。用水平尺、角度尺、卷尺测量。

风管支吊架规格、胀锚螺栓选用与安装、支吊架间距等用尺量检验。

2. 管线布置综合平衡技术

2.1 概 况

1. 主要技术内容

现在的工程设计开始趋向于概念性设计,这是国际上通用的一种设计模式。概念性设计的设计图纸往往不能直接使用在实际施工上,它是系统和功能的体现,只对主要的参数进行了计算和标注,对很多详细具体的参数都省略了,这种设计方式对于设计来说方便快捷,却为施工单位按图施工带来困难。

由于设计图纸经常是只给出各专业管线的走向和相对位置,没有将各种管线的专业设计都布置好,也没有将管线与土建结构和装饰装修协调好,因此,专业管线打架的情况在当前的施工现场中经常出现。设计图纸一般也没有将下一步的施工方案考虑完整,如管道先后安装次序,以及管道支吊架、阀门安装、管道保温等均未考虑,拆改的事情常有发生。如果又遇到业主要根据市场的需要改变方案,甚至改变原有结构及功能,以及设计时选用的设备和最后业主采购的设备不同,各厂家产品又都有其各自的技术参数,设计图纸经常都无法随之更新,使之部分失去效力。另外,出于建筑日后使用上经济利益的需要,较多业主经常会对装饰装修提出严格要求,如墙间尺寸要足够大,吊顶要足够高等,都挤压了专业管线占用的空间。出现上述这些情况,施工时都无法做到按图施工,有的项目甚至出现设计蓝图已经无法保证实际的安装工作或根本就没有合适的施工图纸(如各专业间协调一致的管线综合图,配合装饰施工的机电末端设计图,配合厂家设备的布置及接线图等)。

如遇到这个问题,通常情况下施工单位会通过业主联系设计单位解决,但是有时会出现出图时间和效果无法保证的问题,因

2. 管线布置综合平衡技术

为施工图而耽误很多时间,已成为现在施工中最为突出的问题,施工、设计出现脱节。因此,当前有更多的业主采取一种接近国际惯例的做法,由机电总承包商进行图纸深化的方法来解决,在很多项目上都取得了较好的效果,而这需要一种专门的技术能将设计理念完美地体现出来,这就是管线布置综合平衡技术。

国际惯例机电项目是由机电总承包商全部承包,包括设计图纸、设备选型订货、施工、调试、维修等。这样的机电总承包商必须是有经验的、专业的机电承包商。要拥有较强的实力,除了有一定的设计施工管理能力外,还要对专业领域、市场情况都十分了解,往往这样的企业都是某些领域中的权威和技术垄断者。投资方只要选择好这样一家公司,将要实现的功能及初步设计交由这家公司,其他事情均由这家公司来解决。一般来说国外在建筑功能上定位较准,对于确定下来的功能又有专门的公司来进行管理,每个管理公司都有完备的技术要求,所以设计定型后比较稳定,而且设计、采购、安装是一家来统一管理,协调起来很容易。但是这对于工程的机电总承包商要求很高,需要充分理解设计意图,依托管线布置综合平衡技术,再根据项目实际情况来完善很多图纸上没有的细节,以此图纸来指挥施工和协调各专业的分包,控制分包的施工,还可以控制工程的施工质量和成本。

管线布置综合平衡技术涉及建筑机电工程中通风空调、给水排水、消防喷洒及消火栓、电气、智能化控制等专业的管线安装。现代建筑中除各种设备外,管道、线路是重要的组成部分,它们品种繁多,数量巨大,材质不同,承担着输送介质、能源、信息、动力等功能,有些特殊情况还可能存在一定的危险性。这些管线集中分布在建筑物内的有限空间,如设备层(间)、技术层、楼层和公共通道的吊顶、管道井内等。管线安装时由于空间有限,多系统交叉施工,一旦安装顺序遇到接头、翻身等问题很容易出现因为相互交叉、挤占空间而引起的质量缺陷、检修空间不足、降低楼层净高等各种问题,有些甚至会留下危及安全的隐患。为确保工程施工工期和工程施工质量,避免因各专业设计不协调和设计变更产生的"返工"等经济损失,协调各专业管线布置方法,使之合理;将有限的空间得到充分、有效利用,使房间净高能得到最大限度的提高;将位于房间表面的各种装备整体排布,做到观感效果更好,避免在选用各种支吊架时因选用规格过大造成浪费、选用规格过小造成事故隐患等现象,同时也使管线及部件的调整、维修、更换具有更好的条件。通过对设计图纸的综合考虑及深化设计,在施工前先根据所要施工的图纸进行图纸"预配装",通过典型的截面图直观地把设计内容体现出来,也将图纸中潜在的问题全部暴露出来。通过在图纸上提前解决管线占位,在施工中各专业之间的位置冲突和标高"打架"问题得到解决,在实际施工中基本做到一次成活,减少因变更和拆改带来的损失,各方面的要求得到保证,并通过核算各个管线支吊架受力强度保证质量安全。

管线布置综合平衡技术适用于二次深化设计,通过应用该技术可以用最小的代价来达到最完善的功能。应用该技术形成的图纸才是真正符合施工实际的图纸,才能真正和国际通行方式接轨。这项技术并不是一项简单的施工或科学技术,而是一种综合利用各种技术的产物,是很多技术的交汇点。管线布置综合平衡技术不是什么创新的概念,但是它是现在我国建筑领域尤其是机电项目中非常重要的,同时也是未来建筑安装领域一项非常实用的技术。管线布置综合平衡技术的应用,可以更好地实现设计意图与施工间的衔接,统筹布置各类管线,使其不但满足设计与规范的技术要求,还能更好地满足使用功能、经济效益和审美标准的要求。

管线布置综合平衡技术是施工管理技术,随着建筑工程施工图纸电子版的应用,为施工过程控制以及竣工资料整理提供了较好的条件。为了更好地落实和调整工程业主、监理及设计的各项要求,合理分布机电工程各专业管线的位置,在设计交底和综合审图阶段,充分理解设计意图,由机电总承包商采用机电管线布置综合平衡技术,在电脑中预先将各专业管线进行排布,可以最

2. 管线布置综合平衡技术

大限度实现设计和施工之间的衔接，为机电总承包商有效协调各机电专业分包方的施工提供技术支持，最大限度地满足工程各方的要求。

2. 技术特点

管线布置综合平衡技术的推行与应用，可以缩短施工工期、避免各安装专业施工阶段管路（线）交叉打架、衔接不当而造成的返工浪费、提高工程质量并创造一定的经济效益。

主要优点是：

①可以较快完善节点设计和施工详图设计。

②通过采用综合图纸，解决在保证功能情况下机电系统内部管线的标高和位置问题，避免交叉时产生冲突，同时还要配合并满足结构及装修的各个位置要求。综合图的水平不仅仅依赖于各专业施工员的施工管理经验，而是通过施工过程在计算机上的预装配，尽可能全面发现施工图纸存在的技术问题，并尽可能在施工准备阶段全部解决。

③通过机电管线布置综合平衡技术，可以在排列各种管道（线）时考虑运行管理维修和二次施工。对不同管线尤其是先后施工的管道（线），综合图纸要预先考虑到先施工的管道（线）不要影响后续施工的管道（线）。同时，还可以考虑对于需要维修和二次施工的管道（线）的安排，对于以后需要维修的管线留出足够的位置。

④施工成本控制是工程项目管理的重点。通过应用管线综合平衡技术，机电安装施工单位可以主动进行成本控制，如采用综合支吊架，可减少施工安装后的拆改工作量，从而最大限度地降低工程成本。

⑤由于图纸制作处理审核全在现场，使与机电项目有关的管理及施工人员（包括业主、监理、总包、分包），均通过综合图涉及的专业内容（各专业图纸的综合图、机电样板的汇总报审图、与土建的交接图、方案附图、洽商附图、报验图及工程管理用图等）进行管理调整，及时掌握变更状况。

3. 适用范围

管线布置综合平衡技术，对于加强机电总承包工程的管理是非常重要的，是经过工程检验行之有效的管理技术，在工程管理中推广，特别是在机电总承包管理工程中推广应用，会创造可观的经济效益。

4. 已应用的典型工程

管线布置综合平衡技术在许多高层建筑、大型公共建筑以及各类剧场等，都得到普遍应用。

2.2 设备选用

利用 AutoCad 及 3Dmarks 等软件绘制综合管线布置图、机电预留预埋图、吊顶平面布置图、设备机房综合大样图（3D 效果图）、样板段效果图等图纸，实现设计与施工之间的衔接。

2.3 施工技术

1. 施工设计内容

机电安装工程涉及通风空调、给水排水、电气和智能化控制等专业，可以在熟悉图纸阶段把风、水、电等专业的管线画在一张草图上（竖井、主要通道、机房和特殊房间单独作剖面图和大样图），尽量在施工前将各个专业之间的定位和标高冲突问题暴露出来。如需要，应要求在工程最复杂、最具有代表性的部位先做样板段，通过样板段的施工，可以把各专业管道的标高、定位以及支吊架的布置确定下来，取得业主和设计的认可。

在施工准备时，也需要与物资部门沟通，将拟用于工程该部位的材料、设备初步选型，在图纸设计时考虑进去，或在样板中提供多种可能以得到确认。

在施工过程中,由于某些原因导致管道的走向需要重新设计,要由施工人员根据现场的实际情况,拟定出初步的更改方案,待与设计人员到现场做实际查看后做最终确认。

2. 施工工艺

(1) 施工步骤

按技术要求组织某部位施工技术人员准备,施工员审图,设计人员整理电子版图纸,对各专业进行图层及颜色的划分,叠加整理出综合图,并进行会审交底;其后分专业调整并修改电子版图,包括绘制剖面图、留洞图、各种大样图、综合图;然后经过自审,各方会审,并正式打印,报业主和设计审核签认;期间若发现问题应及时与业主和设计人员沟通解决;最后出综合彩图和正式施工图。

(2) 图纸制作

首先要做好技术工作,熟悉建筑功能和各层的使用功能;熟悉建筑有多少个功能系统、设备的布置、管线分布情况;熟悉建筑结构的形式、装饰装修的构造等等。施工单位收到施工图纸以后,应组织有关人员认真阅读各专业施工图纸,主要核对其有无表达不清、图示不明、缺项漏项、自相矛盾等问题,做好各个专业的图纸自审。在自审的基础上,由业主或监理组织设计单位的设计交底,以及各专业之间的交叉会审,重点解决各专业之间的"错、漏、碰、缺"等问题。这一环节是非常关键的,是制作综合图纸的基础,明确问题所在,找到重点问题,确定哪些位置为最不利点,具体绘制时对哪些位置作剖面图。

综合图具体制作的步骤,以一个通风专业的图纸为例,如下:

第一步就是要整理图层。打开图之后,先查看风管所在图层,打开图层管理器,将此层的名字改为风管图层,颜色为绿色,然后将此层关闭。接下来,要合并同类图层,把阀门、风口等放置在风管图层。

完成风管的分层后,查看风管标注的所在图层,将此层的名字改为风管标准,颜色同样定为绿色,再将此层关闭。

2.3 施工技术

最后，对风管的定位层进行整理，将此层的名字改为风管定位，颜色也为绿色，将此层关闭。

此时检查图中是否有遗漏的部分，检查完毕后，作一条定位基准线，一般选取柱子的一角，将此基准线放置在风管定位层。打开被关闭的风管图层、风管标准、风管定位这三个图层，然后关闭其他图层，图层的整理就完成了。将这三个图层生成块，另存为一个文件。至此，对通风图纸的整理就完成了。

依照上述同样的步骤，对空调水、给水排水及电气等各专业的图纸进行相同的整理。

第二步，将做好的各个专业的图块以定位基准线与柱子的交点为插入点，将各图块分别插入同一建筑结构图中。

第三步，这是制作中的重点。就是对已经合在一起的图纸进行二次深化，主要是通过图纸来进行"预装配"，在未施工前就找到施工时会碰见的问题。在图纸上先解决各专业之间的位置冲突和标高打架问题。找到有问题的区域，通过截面图直观地把设计图纸上的问题全部暴露出来，再重新布置图纸中各专业的走向和标高，直到达到要求为止。再通过截面图把改变标高后的情况表示出来，通过平面图将走向改变后的情况表示出来。在业主对吊顶标高或布置安排上有改动时，同样利用综合图可以直观地看到各专业的情况，综合考虑各专业的相互关系和相互影响，做到统筹考虑。再通过截面图和平面图来表示出新的布局和标高。

掌握的基本原则是：电气让水管、水管让风管、小管让大管、有压管让无压管、一般性管道让动力性管道、同等情况下造价低让造价高的（具体问题根据实际情况来定）。

这就是一张综合图的简单制作过程，实际制作中还要考虑多重因素和各方要求。

对于各专业在图纸的颜色分层上的具体要求，各图层名称应以方便和便于识别来确定，图层颜色一般应按管道实际涂色标来区分，见表 2-3-1。

2. 管线布置综合平衡技术

一般性民用智能化综合工程图纸分层要求　　表 2-3-1

	图层名称	图层颜色
空调风专业	空调风图层	绿色
	空调风标注	绿色
	空调风定位	绿色
空调水专业	空调水图层	140 号
	空调水标注	140 号
	空调水定位	140 号
给水专业	给水图层	给水：蓝色
		热水、热回水：红色
		空调加湿 152 号
	给水标注	给水：蓝色
		热水、热回水：红色
		空调加湿 152 号
	给水定位	给水：蓝色
		热水、热回水：红色
		空调加湿 152 号
排水专业	排水图层	黄色
	排水标注	黄色
	排水定位	黄色
雨水专业	雨水图层	40 号
	雨水标注	40 号
	雨水定位	40 号
喷洒专业	自动喷洒图层	青色
	自动喷洒标注	青色
	自动喷洒定位	青色
消防专业	消火栓及消防水炮图层	30 号
	消火栓及消防水炮标注	30 号
	消火栓及消防水炮定位	30 号

2.3 施工技术

续表

图层名称		图层颜色
防排烟专业	防排烟图层	紫色
	防排烟标注	紫色
	防排烟定位	紫色
电力专业	动力干线线槽图层	紫色
	动力干线线槽标注	紫色
	动力干线线槽定位	紫色
	消防干线系统图层	11号
	消防干线系统标注	11号
	消防干线系统定位	11号
	消防设备图层	11号
	消防设备标注	11号
	消防设备定位	11号
	楼宇干线系统图层	201号
	楼宇干线系统标注	201号
	楼宇干线系统定位	201号
	动力母线图层	116号
	动力母线标注	116号
	动力母线定位	116号
	照明母线图层	橙色
	照明母线标注	橙色
	照明母线定位	橙色
	照明灯具图层	橙色
	照明灯具标注	橙色
建筑图	建筑图层	8号
	建筑标注	8号

(3) 补充局部图纸

实际工程中存在很多各方都认为不应该自己管的问题，尤其是设计单位，设计对于一些和实际情况联系十分紧密的小型验算和由于后期改动造成的局部图纸，如一些简单实用的小型计算、校核和局部小样图纸，一般不愿意接受，这时机电总承包商发挥自己的实力为业主解决一些实际的困难，就会更加突出公司的实力，同时会赢得业主和设计单位的多方面配合，也有利于自身的施工和管理。如：支架承重校核计算及支吊架选型；局部房间空调负荷计算；卫生间给水排水的管道平面及系统图等。

管道支吊架受力分析及选型计算校核是对管道施加给支架的受力情况进行分析，阐明支架强度计算会遇到的各种形式，对支架进行校核计算时更加明确受力计算，提高选型时的安全性、经济性，提高企业在所有工程施工中的标准化程度。

其中，支吊架受力分析及选型计算校核时（一般计算时可以选最不利点进行受力分析，也可以按照国家标准图集选用），应按以下方法进行：

①支架受力分析：管道一般分为竖向布置和水平布置。无论支架的形式是怎样的，支架都是用来承担管路系统的力，这里的力一般有以下几种：一种是由支架所承担的质量在地球引力下引起的；一种是由支架所承担的管道热胀冷缩变形和受压后膨胀引起的；还有一种由管道中介质产生的推力。第一种力总是垂直向下的，而第二种一般沿着轴线方向，第三种只有在管道有口径变化和盲端时才产生。

一般都比较重视垂直管道的固定支架，其实水平管道的固定支架也很重要。管道口径越大，固定支架的受力也就越大。垂直管道上的固定支架更因为高度增加，支架不但要承担补偿器的变形反力，而且管道及管道内介质重力全部作用在固定支架上。一般管道下粗上细，管道内压力产生的推力向上。如遇管道上粗下细，则管道内压力产生的推力向下。波纹补偿器的盲端力，在竖向管道中与管道及管道内介质重力相互抵消，可以不计算，而在水平管道的计算中，起主要作用。水平管道受力因管道及管道内介质重力与补偿器产生的力成垂直分布，所以分两部分：首先固定支架要在垂直方向能承受管道及管道内介质重力；其次固定支架要在沿管道方向能承受波纹补偿器的变形反力和波纹补偿器的盲端力。具体计算如下：

$$管道重量 = \pi(D^2 - d^2)L\rho_钢 \qquad (2\text{-}3\text{-}1)$$

$$管道中介质重量 = \pi d^2 L \rho_水 \qquad (2\text{-}3\text{-}2)$$

式中　π——圆周率 3.14；
　　　D——管道外径（mm）；
　　　d——管道内径（mm）；
　　　L——管道长度（支架承担的那部分管道长度，mm）；
　　　$\rho_钢$——钢密度 = 7800kg/m³；
　　　$\rho_水$——水密度 = 1000kg/m³。

另一种力可以从补偿器样本里查出或由补偿器厂家提供。这里应该注意的是补偿器的盲端力。由于补偿器的形式不同，其产生的变形反力也不同。本文略去方形补偿器、L 形补偿器、Z 形补偿器等自然补偿方式，只考虑波纹和套管式补偿器因变形产生的弹力。

管道内的水压力产生的推力，是在管道内水压力的作用下，当管径发生变化或在管道的盲端都会产生推力。管内水压力的作用，会在垂直于管道内壁面上产生压力。这个压力在垂直于管道轴线方向合力为零，而在沿管道轴线根据管径的不同变化会产生推力。

②强度计算：支吊架的作用是支撑或承担它所要支撑或承担的重量和受力，但是这些重量和受力要多大的型钢才能承受，就需要通过计算来验证。在受力方面架子主要有压力、拉力和横向的推力。一般来说压力过大会造成支架失稳，发生变形，破坏原有的受力平衡造成破坏。拉力过大会造成支架发生塑性破坏，拉断型钢。横向的推力过大会造成支架失稳、发生形变造成破坏。如何选用合适规格的材料来加工支架，是需要解决的问题。下面

从以下几方面进行验算：

A. 压杆受力稳定验算：受压力的支架是否会出现失稳状态是一个常被大家忽略的问题，失稳状态主要指当一段支架两端受压达到一定程度时，支架受到横向力后变形并无法恢复。这时两端受的力就是该支架的失稳的临界压力。对于属于细长杆的部分，应进行稳定验算。

关于压杆受力稳定验算：

长细比计算：$\lambda = \dfrac{\mu L}{i}$

计算临界力：$P_k = \dfrac{\pi^2 EJ}{(\mu L)^2}$

实际作用力与实际可以承受的力比较（因为两者截面一致，这里直接使用临界力）：

根据作用在支架上的力 P_s，要求根据此力为垂直作用在支架上的力，如斜的应转为垂直力；同样，力作用在斜的支架上，也要转为垂直的。

当 $P > P_s$ 表示支架受力没有达到失稳状态，支架校核通过。当 $P < P_s$ 表示支架受力会发生失稳，这时首先应对支架形式进行改变，如在长杆中间加附加的支撑以破坏细长比等措施，再进行计算。如果光靠改变形式无法达到要求，还可以再加大支架的选型，再进行计算。其次就是重新制定支架方式，以避免出现长杆失稳状态以达到最后计算通过。

B. 抗拉力计算：本计算主要针对支架受到的由于管道及管内介质的质量引起的拉力，它可能将支架拉断，所以，要求所选定的型钢在受拉力方面能达到（P 受力/S 横截面）小于容许应力 [σ]，这样所选定的型钢就可以满足强度要求。可求得横截面 S 来找到可选型钢型号。

C. 剪切力计算：本计算主要针对支架受到的横向力可能将支架横向切断，要求所选定的型钢在横向力方面能达到（P 受力/S 横截面）小于容许应力 [σ]，这样所选定的型钢就可以满足强度要求。可求得横截面 S 来找到可选型钢型号。

D. 膨胀螺栓受力计算：支架受到的横向力可能将支架横向切断，膨胀螺栓也可能因受横向力被切断。计算主要为了确定所选定的膨胀螺栓是否能承受剪切力和是否有足够的拉力不致脱离混凝土或被拉断。

剪切力能达到（P 受力/S 横截面）小于容许应力 $[\sigma]$，这样所选定的型钢就可以满足强度要求。每个支架 n 个膨胀螺栓中，必须假设有 50％完全承受剪切力，即 $n/2$ 个膨胀螺栓，计算出膨胀螺栓的有效截面积 S（cm^2）与螺栓样本中的截面积比较选择合适的螺栓。若直接查膨胀螺栓样本中所标明的设计抗剪力再乘以所计算的螺栓数量，然后和所受到的力进行比较，只要满足计算的抗剪力大于实际受力就可以了。

抗拉力，同样直接查膨胀螺栓样本中所标明的设计抗拉力，再乘以所计算的螺栓数量，然后和所受到的力进行比较。只要计算的抗拉力大于实际受力就可以了。这里应注意不同的水泥强度等级参数有所不同。

最后由于支架形式的不同，具体问题应该具体分析，所出现的问题也会不尽相同，综合的运用和细致的分析是关键。

（4）施工图确认的方法

正式施工图需制定详细记录用表及规定详细的文件格式，所有需要会审和签字的图纸上，必须加上图签和签字栏，这样可以对图纸的制图日期和修改次数，责任人及有效版本都加以明确。

（5）重点部位的管线布置方案

1）机房管线布置方案：机房是机电工程安装的重点部位，空间较大，设备多样，管道复杂，在一定程度上体现着一个工程的设计、施工水平，从观感上也有其特殊要求。因此，在保证设备、管道系统功能的前提下，施工单位可依据现场实际条件进行管线布置。

机房布置要结合工艺特点，使管线布置总体上更为简洁、便利，满足系统设备运行的功能需要，必要时也可以调整设备的位

2. 管线布置综合平衡技术

置、排号。同时，一定要留出足够的检修通道和值班室。

各类设备的安装位置要整齐划一，特别是不同规格泵组的安装位置；管线综合时要布置合理，并排安装，排列整齐（即通常所说的横管成排、立管成线），间距合理（保温后间距一致），整体管道安装排列有层次，密集处形成管廊，最大限度利用机房空间；在机房门口、检修通道、主要设备、安全阀上空和关键阀部件附近等部位留出充裕的空间，形成通行路径；各类支架安装按整体布局考虑，形式统一，承载力经计算要满足要求。调整后的内容，应经设计批准后实施。

机电系统管道排布要有层次感。大管径管道宜贴顶或梁安装，水、电、风管宜同方向排列，管道走向要方便与设备连接。相同管径的管道安装时（无论是水平管还是立管），都要保证在同一界面上，管道之间的间距（有保温的管道要把保温厚度考虑进去）要保持一致，管道中心要保持在一条水平线上。

阀门、仪表等部件安装便于人员管理。管道上的阀门及各类仪表的安装高度尽量保持一致（特别是集分水器上的阀门如高度一致需要不同的接口高度）。阀门安装便于操作，阀门手柄朝向要保持一致。与部件连接的法兰要成对（需要在订货时有所要求）。仪表的安装高度要方便操作人员观察。

管道支架安装要成体系。机房管道错综复杂，每根管道单独设置支、吊架既不美观也容易造成浪费，所以目前机房管道施工中一般将几根同类管道安装在同一个支架体系上。这样既能节省材料避免浪费，也合理利用了空间，机房的外观效果也能得到保证，如图 2-3-1。

图 2-3-1

部分机房由于面积小（但立体空间较大）无法把所有的设备安装在地面上，有的设计采用在房间内增加一层钢平台，将部分设备安装在这层钢平台上以缓解地面使用面积较小带来的压力。钢平台的计算是由设计人员计算出设备的运行载荷参数(包括操作人员等的重量),然后根据这些参数选择钢平台所用槽钢的型号及安装形式。

2)通道管线布置方案:为方便日后检修,通道内的机电管道应分成几排并集中安装。为避免吊顶标高更改所带来的不便,通风管道施工时宜贴顶安装。

管线布置时一般上层或中层为电缆桥架及母线槽、各类通风管道,下层为各种水系统管道。由于风管占空间大,交叉分支少,检修少,电气线槽需要打开放线,因此放置在上部;水管有坡度、坡向要求,且需要上接设备,有较多分支,阀门多,但总占用空间少,有利于留出检修空间。

对于补偿器等部件,应根据标准图和现场条件,预留出合理的安装位置和可靠的支架受力点,如图2-3-2。

排列整齐(即通常所说的横管成排、立管成线),间距合理(保温后间距一致),如图2-3-3、图2-3-4。

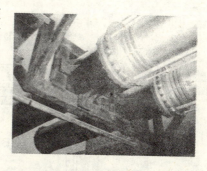

图2-3-2

有些工程为了便于日后操作人员维修方便,在通道里增加一条维修用的马道。马道的安装应具有连贯性,一次性将各专业的需求条件满足,工程在动工之后由于施工的复杂性,施工中再考虑增加马道就会存在很大困难。

3)房间管线布置方案:房间管线布置时,机电需与装饰协调,与装饰吊顶相关的机电工艺主要是风口、灯位、喷洒、烟感、广播等。为保证吊顶的整体外观效果,应参照装饰吊顶平面或吊顶分隔图,合理排布喷洒、烟感、广播、灯具、风口、检查口等部件的位置,在图上进行明确,并应通过施工样板进行确

2. 管线布置综合平衡技术

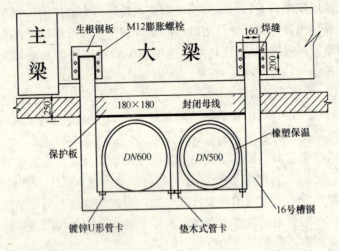

图 2-3-3

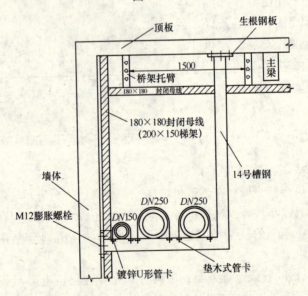

图 2-3-4

认。具体要求包括：送回风口、喷洒头、灯位等应排列整齐、匀称一致、位置及间距合理，互不干扰，通道吊顶上的喷洒头、筒灯等要居中安装、排成直线，喷洒头的安装位置不能靠在龙骨上，每个喷洒头的溅水盘出吊顶的尺寸都要一致；朝向一致等。

布置风机盘管送回风口连接管时，其他管道（包括机电管道的支吊架等）需要让出空间。

空调凝结水管的坡度在规范中有明确要求，所以，现场施工时宜将风机盘管在高处安装，给凝结水管的坡度留出足够空间。

2.4 质量检验评定标准

管线布置综合平衡技术要满足《建筑工程施工质量验收统一标准》GB 50300—2001 的要求，各专业管线布置还要符合各专业设计、施工规范的要求。

3. 冷缩、热缩电缆头制作技术

3.1 概 况

冷缩、热缩电缆头是额定电压 26/35kV 及以下交联聚乙烯绝缘电力电缆中最常用的电缆附件，电力电缆附件是指电力系统中与电缆配套使用的附属装置的总称，由电缆终端和电缆接头组成。电力电缆端部与电气设备或线路连接时，需有一个能满足一定绝缘与密封要求的连接装置，该连接装置称为电缆终端。由于终端装置大多以终端头的形式出现，所以也称为电缆终端头。用于室内的电缆终端称为户内电缆终端头，用于室外的电缆终端称为户外电缆终端头，将两根及以上的电缆相互连接，以使电缆线路连续的接头称为电缆接头。

1. 电力电缆终端分类

电力电缆终端分类如下：

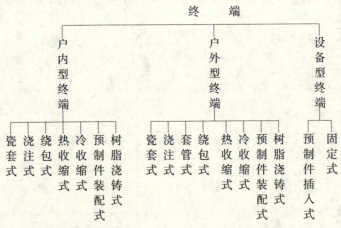

2. 电力电缆接头分类

3.1 概况

电力电缆接头分类如下：

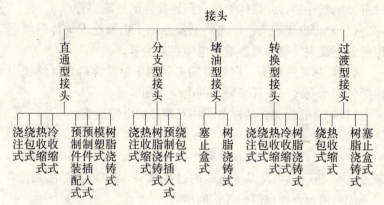

有关名称解释如下：

（1）电力电缆附件：电力电缆附件是指制作电力电缆的各种接头和终端的辅助材料。

（2）绕包式电缆附件：用自粘性橡胶带，在安装现场绕包在经过处理后的电缆上而形成的电缆接头和终端。

（3）预制件插入式电缆附件：用橡胶预模制部件（包括接头和终端部件），先套装在经过处理后的电缆上，然后再插入电气设备或电缆与电缆相互插接的电缆接头和终端。

（4）树脂浇铸式电缆附件：用热固性树脂材料，在安装现场浇铸在经过处理后的电缆上而形成的电缆接头和终端。

（5）模塑式电缆附件：用与电缆绝缘相同或相近的带材，在安装现场绕包在经过处理后的电缆上，借助模具加热加压成型的电缆接头和终端。

（6）浇注式电缆附件：用液体或加热后呈流体状的绝缘材料，在安装现场浇注在装配好的电缆附件壳体内而形成的电缆接头和终端。

（7）设备型终端：设备型终端是指被连接的电气设备结构上带有电缆终端部件或带有电缆终端部分部件的电缆终端。

（8）瓷套式终端：采用电瓷材料作为外绝缘的电缆终端。

（9）电缆终端头：安装在电缆终端，以保证电缆与系统的其他部分电气连接，并维持绝缘直到连接点的终端装置。

（10）户内终端头：户内终端头是用于电缆终端导体绝缘引出部分不受大气等环境影响的电缆终端装置。

（11）户外终端头：户外终端头是用于电缆终端导体绝缘引出部分能承受大气等环境影响的电缆终端装置。

（12）直通接头：两根电缆相互连接的电缆接头。

（13）分支接头：多根电缆相互连接的电缆接头。

（14）过渡接头：两根不同绝缘的电缆相互连接的电缆接头，额定电压26/35kV及以下电缆的过渡接头，仅为黏性油浸纸绝缘电缆与挤包绝缘电缆相连接的接头。

（15）转换接头：两根相同绝缘但不同结构的电缆（如三芯电缆与三根单芯电缆）相互连接的电缆接头。

（16）塞止接头：具有能阻止一端电缆里的液体绝缘剂流向另一端电缆里去，并能耐受一定压力的电缆接头。

3. 电力电缆的用途和特点

电缆是用以传输电能、信息和实现电磁转换的线材产品，用于电力传输和分配的电缆称为电力电缆。电力电缆和电线没有严格的界限，在国家标准《额定电压450/750V及以下聚氯乙烯绝缘电缆》中，绝缘电线的概念就是无护套的电缆，但人们通常把线芯截面较大，绝缘层比较厚，电气性能和护层结构要求较高或有特殊用途的线材产品称为电缆。

电力电缆在电力系统中作为输送和分配电能及各种电气设备间的连接线使用。城市的地下电网，发电站的引出线、联络线，工矿企业和民用建筑的输电干线等大多采用电力电缆供电。

和用架空线路供电方式比较，采用电力电缆供电的特点是：电力电缆敷设在地下、室内、沟道、隧道井内，不需用杆塔架设，整齐美观，占地少，不会对市容和厂容造成影响。电缆供电受自然环境（如雷电、风、水、鸟等自然灾害）的影响小。电缆供电传输性能稳定、可靠性高、人不易接触，发生事故时不易对人身造成伤害，供电安全性高。电力电缆的电容量大，可提高供电系统的功率因素。电力电缆运行中能承受内部过电压和大气过电压，可靠地输送电能。电缆还有较好的机械强度、弯曲性能和较长的使用寿命等优点。电缆线路的敷设为一次性投资，费用较高，并且在敷设后线路不易变动，分支比较困难，在地下敷设时电缆线路为隐蔽工程，处理故障的难度较大，检修费用较高，这些缺点也限制了它的使用范围。但在城近郊区和工矿企业，由于市容美观的要求及地上空间的限制，电缆线路已成为主要的输电方式。

电力电缆线路由电缆、电缆附件及线路构筑物三部分组成，电缆是电缆线路的主体，电缆附件是电缆本体之外不可缺少的连接装置，线路构筑物是电缆线路中用来支撑和安装电缆及附件的部分。

冷缩、热缩电缆附件是随着电缆线路大量使用特别是交联电缆的使用而发展起来的新工艺、新产品。

4. 热收缩式电缆附件

热收缩式电缆附件是指用热收缩部件（包括各种管材、手套和雨罩等）在安装现场加热收缩于经过处理后的电缆上而形成的电缆接头和终端。

该产品采用线性高分子材料（聚乙烯、乙丙橡胶、硅橡胶等）经高能射线辐照成型，能根据其特有的"记忆效应"在一定的加热温度下迅速收缩，紧紧地包覆在电缆终端和接头部位上，其生产和使用原理如下：

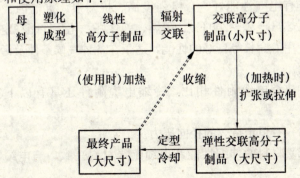

我国生产的热收缩电缆附件经过 20 多年的运行考验和不断的研究改进，其各方面的性能比较完善，相应的标准也十分齐全，目前已成为交联聚乙烯绝缘电力电缆附件的主导产品之一，其性能已达到国际先进水平，产品的某些指标甚至超过国外同类产品。

5. 冷收缩式电缆附件

冷收缩式电缆附件是指用内部衬有支撑物的橡胶部件（包括冷缩套管、冷缩终端或接头管、冷缩手套等）在安装现场套在经过处理后的电缆上，抽出支撑物，使其收缩紧密包覆在电缆上而形成的电缆接头和终端。

冷缩工艺是继热缩工艺之后新的制作工艺。冷缩电缆附件主绝缘部分采用和交联聚乙烯绝缘电缆紧密配合方式，利用橡胶的高弹性，使界面长期保持一定压力，确保界面无论在什么情况下都紧密无间，绝缘可靠。

冷缩终端或接头管的内部，有一个精心设计的应力锥，妥善地解决了电缆外屏蔽切断处的电应力集中问题，确保了电缆终端头和接头的质量和运行的可靠性。

冷缩电缆附件采用乙丙橡胶或硅橡胶为主的材料，经过模压或注橡胶硫化成型然后扩径，内衬塑料条（如 ABS 材料）制成的螺旋管式附件，70 年代后期问世，现场安装时不需加热，只需抽出衬条使相应的管材压紧在电缆绝缘上，制作成电缆头和接头。具有电气性能好、介电强度高、抗漏痕、抗电蚀、抗紫外线、耐热（$-50\sim200℃$）、阻燃、弹性好、化学性能稳定、耐老化、使用寿命长等良好的性能，适于在各种气候条件及污秽环境中使用。

和热缩电缆附件相比，冷缩电缆附件还具有以下独特的优点：

（1）有恒定持久的径向压力。

（2）材料的伸缩性能和电缆绝缘材料一致，与电缆本体同"呼吸"。

(3) 不需专用工具，不需明火加热，施工安全方便。
(4) 绝缘裕度大，耐污性能好。
(5) 冷缩终端或接头管内已包含应力锥，施工更加简便。
(6) 无须胶粘即可密封电缆本体。

冷缩电缆附件的缺点是：价格相对较高，机械强度较差，密封性能完全靠橡胶的弹性压紧力，施工时处理不当容易进入潮气降低绝缘性能。尽管如此，由于施工方便安全，目前已有逐步取代热缩电缆附件的趋势。

6. 预制件装配式电缆附件

预制件装配式电缆附件是用橡胶预模式部件（包括接头套管、终端套管、应力锥和雨罩等），在安装现场直接套装在经过处理后的电缆上而形成的接头和终端。

预制件装配式电缆附件是橡塑电缆（包括交联聚乙烯电缆、聚乙烯电缆、乙丙橡胶电缆、聚氯乙烯电缆、丁基橡胶电缆等）中应用得最为普遍的一种，它用高弹性的特种硅橡胶为主体材料，将电缆附件所要求的绝缘和内外屏蔽在工厂内用注橡胶或模压工艺预制成整体结构，在施工现场插入或套装在电缆末端或接头处，制成电缆接头或终端。预制件装配式电缆附件安装工艺简单、劳动强度低、安装时间短、安装技术容易掌握，只要按安装说明书的要求剥切好电缆，套上预制件即可。这种电缆附件还可以做成直接与用电设备（如封闭式开关柜、变压器等）相连的形式，电缆终端的连接十分简单，用电设备还可以小型化。

预制件装配式电缆附件不足之处是随着电缆绝缘外径变化，附件的规格较多，特别是当电缆生产工艺控制不严造成外径误差大的情况下，配套选用的困难更突出。另外预制件装配式电缆附件价格较高，主要用于 66kV 以上的高压电缆和超高压电缆，在 26/35kV 及以下电压等级的电缆中，常用于可靠性要求较高场所及工程抢修时使用。

在经济发达的国家，该种电缆附件已广泛使用并有较长时间的运行经验，我国从 20 世纪 90 年代开始引进设备生产这类产品,目前也积累了不少的经验,并制定了额定电压 26/35kV 及以下塑料绝缘电力电缆预制装配式接头和终端的产品行业标准(国际及国外先进国家尚无同类产品的标准)。随着生产成本的降低,预制件装配式电缆附件是最有发展前途的产品。

3.2 交联聚乙烯绝缘电缆及其附件

1. 电力电缆的型号和规格

电力电缆的产品达数千种,为适应设计、使用及维护的要求,统一编制产品型号十分重要。我国电缆的型号由汉语拼音字母和阿拉伯数字组成,拼音字母表示电缆的类别、绝缘材料、线芯材料;数字表示铠装和外防护层的材料。

电缆型号的字母一般按下列次序排列:特性(无特性时省略)—类别(电力电缆省略)—绝缘种类—导体材料(铜芯不标注)—内护套—其他结构特征(无特征时省略)—外护层(用数字表示,无外护层时省略)。

电力电缆型号中字母与数字的含义见表 3-2-1。

电力电缆型号中字母与数字的意义　　　　表 3-2-1

特 性	ZR—阻燃 GZR—隔氧阻燃 NH—耐火 DL—低卤 WL—无卤
类 别	K—控制 P—信号
绝缘种类	Z—纸 X—橡皮 V—聚氯乙烯 Y—聚乙烯 YJ—交联聚乙烯

3.2 交联聚乙烯绝缘电缆及其附件

续表

导体	L—铝（铜芯不标注）
内护层	V—聚氯乙烯内护套 Y—聚乙烯内护套 H—普通橡套 F—氯丁橡套 L—铝包 Q—铝包
特征	D—不滴流 F—分相护套 P—屏蔽 Z—直流 CY—充油
外护层 十位	0—无铠 2—双层钢带铠装 3—细钢丝铠装 4—粗钢丝铠装
外护层 个位	0—无外被套 1—纤维外被套 2—聚氯乙烯外护套 3—聚乙烯外护套

电缆的规格包括额定电压、芯数和截面，在电缆的额定电压表示方法 U_0/U (U_m) 中：

U_0——电缆设计用的导体对地或金属屏蔽之间的额定工频电压；

U——电缆设计用的导体间的额定工频电压；

U_m——设备可承受的"最高系统电压"的最大值。

在 U 为 6kV 和 10kV 两种电压等级中，根据电缆所在三相系统的运行条件，每种电压等级的电缆对应两个 U_0 值，当系统允许在单相接地故障做短时间运行时，选择电压等级 3.6/6kV，6/10kV 的电缆；如系统预期会经常地运行在持久的接地故障状态下，则选择 6/6kV，8.7/10kV 电压等级的电缆。

电缆型号举例如下：

ZR-YJV22-8.7/10   3×185

41

表示阻燃、交联聚乙烯绝缘、铜芯、聚氯乙烯内护套、钢带铠装、聚氯乙烯外护套、8.7/10kV、三芯、185m² 截面电力电缆；

ZQD21-6/10　　　　3×185

表示铜芯不滴流油浸纸绝缘铅套钢带铠装纤维外护套电力电缆。

2. 8.7/10kV 及以下电压等级电力电缆应用状况

在工业和民用建筑工程中，8.7/10kV 及以下电压等级的电力电缆应用最为普遍，尤其是 0.6/1kV 及以下电压等级的低压电缆，如橡胶绝缘电缆、聚氯乙烯绝缘电缆等，其绝缘层构造比较简单，电缆终端主要要求密封和绝缘性能可靠，一般采用绝缘带绕包或套工厂制作的塑料分支套，冷缩、热缩电缆头制作技术应用不多，而在电气设备额定电压（U）为 3kV、6kV、10kV（建筑电气工程中称为高压）的情况下，为减少供电电缆的规格，目前几乎全部采用 8.7/10kV 电压等级的交联聚乙烯绝缘电力电缆，冷缩、热缩电缆附件在该电压等级的电缆中得到了广泛的应用。

1949 年以前我国曾生产过极少量的 600V 以下橡皮电缆，其他主要电缆产品几乎全部依赖进口。新中国成立后，我国的电缆工业得到了迅速的发展。以油浸纸绝缘电力电缆为例，1950 年生产出 3kV 电力电缆；1951 年开始生产 6kV 电力电缆；1953 年开始生产 10kV 电力电缆；1956 年电压等级就达到 35kV；1958 年开始试制充油电缆；1964 年我国自行研制的 66kV 充油电缆投入运行。以后陆续生产出 100kV、220kV、500kV 电压等级的电缆并投入运行。在 10kV 电压等级中五、六十年代是油浸纸绝缘电力电缆独霸天下的局面，配套的电缆附件是瓷管式、绝缘沥青浇注式和环氧树脂浇铸式。20 世纪 60 年代初，交联聚乙烯绝缘电力电缆在国际上已逐步推广使用，我国也在 70 年代开始使用交联聚乙烯绝缘电力电缆，配套的电缆附件是绕包式、模塑式。由于交联聚乙烯绝缘电缆施工和维护方便，加上价格逐步降低，因此使用范围越来越广，其电缆附件也发展到热缩式、冷缩式和预制装配式。2000年以后，在8.7/10kV电压等级的电力电缆工程设计中，已不再选用油浸纸绝缘电力电缆。

3. 交联聚乙烯绝缘电缆

交联聚乙烯绝缘电力电缆是一种新型塑料绝缘电力电缆。在电缆绝缘介质聚乙烯中加入一定比例的交联剂，用化学方法或物理方法交联。将聚乙烯分子由线形分子结构转变为立体网状结构，使热塑性的聚乙烯变为热固性的交联聚乙烯。交联聚乙烯绝缘电力电缆具有良好的电气性能、耐热性能、力学性能，其传输容量大、柔软性好、重量轻、不含油、安装敷设方便、不受高差限制、可以垂直安装、维修方便等优点。由于以上优点，近年来发展迅速，广受欢迎并且代替了常规纸绝缘电力电缆。

交联聚乙烯绝缘电力电缆根据外层结构不同，其使用范围也不同，可按表3-2-2选用。

交联聚乙烯绝缘电力电缆的型号、名称与适用场合　表3-2-2

型号	名称	适用场合
YJV YJLV	铜芯或铝芯交联聚乙烯绝缘聚氯乙烯护套电力电缆	室内、隧道、管道、电缆沟等
YJV_{22} $YJLV_{22}$	铜芯或铝芯交联聚乙烯绝缘钢带铠装聚氯乙烯护套电力电缆	室内、隧道、电缆沟及地下直埋等
YJV_{32} $YJLV_{32}$	铜芯或铝芯交联聚乙烯绝缘细钢丝铠装聚乙烯护套电力电缆	高落差、竖井等
YJV_{42} $YJLV_{42}$	铜芯或铝芯交联聚乙烯绝缘粗钢丝铠装聚氯乙烯护套电力电缆	海底电缆、承受大的拉力等
DL-YJV	铜芯交联聚乙烯绝缘低烟低卤阻燃聚乙烯电力电缆	宾馆、写字楼、娱乐场所等室内、燃烧气体毒性小
$DL-YJV_{22}$	铜芯交联聚乙烯绝缘钢带铠装低烟低卤阻燃聚乙烯电力电缆	宾馆、写字楼、娱乐场所等室内、可承受机械外力、燃烧气体毒性小

续表

型号	名称	适用场合
DL-YJV$_{32}$	铜芯交联聚乙烯绝缘细钢丝铠装低烟低卤阻燃聚乙烯电力电缆	宾馆、写字楼、娱乐场所等室内、可承受拉力、燃烧气体毒性小
WL-YJV	铜芯交联聚乙烯绝缘低烟无卤阻燃聚乙烯电力电缆	宾馆、写字楼、娱乐场所等室内、燃烧气体无毒
WL-YJV$_{22}$	铜芯交联聚乙烯绝缘钢带铠装低烟无卤阻燃聚乙烯电力电缆	宾馆、写字楼、娱乐场所等室内、可承受机械外力、燃烧气体无毒
WL-YJV$_{32}$	铜芯交联聚乙烯绝缘细钢丝铠装低烟无卤阻燃聚乙烯电力电缆	宾馆、写字楼、娱乐场所等室内、可承受拉力、燃烧气体无毒
GZR-YJV	铜芯交联聚乙烯绝缘隔氧层阻燃电力电缆	宾馆、写字楼、娱乐场所等室内
GZR-YJV$_{22}$	铜芯交联聚乙烯绝缘钢带铠装隔氧层阻燃电力电缆	宾馆、写字楼、娱乐场所等室内、可承受机械外力
GZR-YJV$_{32}$	铜芯交联聚乙烯绝缘细钢丝铠装隔氧层阻燃电力电缆	宾馆、写字楼、娱乐场所等室内、可承受拉力

交联聚乙烯绝缘电缆的结构如图 3-2-1 所示。

图中导体屏蔽又称内半导电屏蔽层，绝缘屏蔽又称外半导电屏蔽层，在交联电缆的制造中，采用了三层共挤的特有工艺，即内半导电屏蔽层、绝缘层、外半导电屏蔽层分别由三台挤塑机、三层同时挤出，优点是一次成型，层间结合良好，但在制作电缆终端头和接头时，将外半导电屏蔽层和绝缘层剥离时不是很方便。

（1）内半导电屏蔽层的作用是：

①消除导电线芯表面的气隙，提高耐局部放电、树枝放电的能力。

②均匀导电线芯表面电场。

③抑制树枝的引发。当导体表面金属毛刺直接刺入绝缘层时，尖刺高场强的场致发射会引发电树枝。内半导电屏蔽层将有

3.2 交联聚乙烯绝缘电缆及其附件

效地减弱毛刺附近的电场强度,减少场致发射,从而提高耐电树枝放电的特性。

④热屏蔽作用。当电缆温度突然升高(线芯发热)时,有了半导电层的隔离,高温不会立即冲击到绝缘层,在一定程度上降低了绝缘的温升,保护主绝缘,故有热屏蔽作用。用合适的半导电材料屏蔽后,其最大额定短路温度可由130℃提高到150℃。

半导电屏蔽材料的电阻率为:$\rho \leqslant 100000 \Omega \cdot cm$。

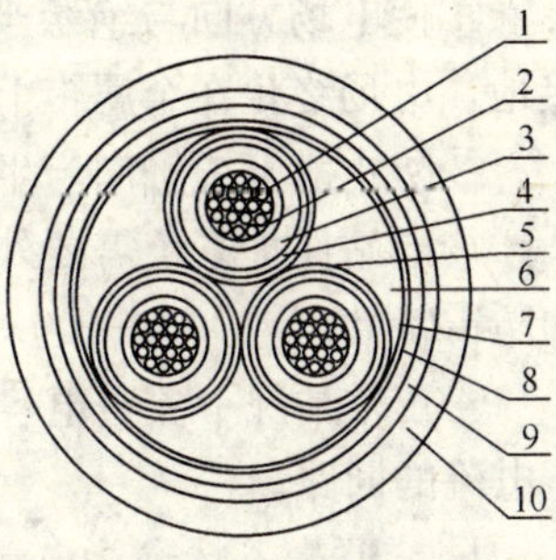

外半导电屏蔽层位于电缆线芯绝缘层的外表面。对于外半导电屏蔽层,一般认为由于绝缘外表面电场强度较低,作用不大。其实不然,在较高电压下,如国际IEC规定聚乙烯和交联聚乙烯绝缘电缆在3kV以上,聚氯乙烯绝缘电缆在6kV以上,都要有内、外屏蔽层。这是由于运行中的电缆受弯曲,电缆绝缘表面受到张力的作用而伸长,若这时存在局部放电,则会由于表面弯曲应力产生亚微观裂纹导致电树枝的引发,或表面受局部放电腐蚀引起新的开裂,引发新的树枝。故认为外屏蔽层也不可缺少,只是由于电压等级不同,屏蔽的结构与方式可以改变。

外半导电屏蔽层的另一个作用是:消除了绝缘层与金属带屏蔽层之间的气隙。因为,无论金属薄带屏蔽层的加工工艺多么完善,其运行中的弯曲变形、冷热作用,多少都会在金属带屏蔽层与绝缘层之间产生气隙,这对电场的恶化作用很大,首先导致气隙放电,直至绝缘击穿。

(2)铜带屏蔽层,一般是用薄铜带(或细铜丝网)绕包在外半导电层之外的屏蔽层。其作用如下:

图 3-2-1 20kV 以下铜芯、铝芯交联聚乙烯绝缘钢带铠装电力电缆(三芯)
1—导体;2—导体屏蔽;3—绝缘;4—绝缘屏蔽;5—铜带屏蔽;6—填充;7—无纺布包带;8—内衬层;9—钢带铠装;10—外护套

①使电场方向与绝缘半径方向一致（即径向），金属屏蔽带接地，电场终止在金属带上，金属带外不再有电场。

②防止沿电缆轴向产生表面放电。

③电站保护系统需要外导体屏蔽。绕包铜带屏蔽层具有优异的防雷特性。

④正常情况下流过电容电流，短路时金属带可以作为短路故障电流的回路。

4. 交联聚乙烯绝缘电缆附件的选择

顾名思义，电缆附件是依附电缆的附属产品，电缆的结构不同，所适用的电缆附件也不同，各种电缆附件的对比见表3-2-3。

各种电缆附件对比　　　　表3-2-3

对比项目		附件种类						
		绕包式	热缩型	冷缩型	预制式	浇铸式	模塑式	瓷套型
对电缆的适用性	交联聚乙烯绝缘	□	□	□	□	△	□	▲
	纸绝缘　黏性	×	△	×	×	○	×	□
	不滴流	×	○	×	×	□	×	□
	结　构	○	□	□	○	○	○	▲
	规　格	△	□	□	△	○	○	○
	体　积	○	□	□	○	△	△	▲
	成　本	□	□	□	□	□	□	□
现场安装	操作技术	△	○	○	□	○	△	○
	耗费工时	△	△	△	○	△	▲	△
	安装工具							△

注：□—很适用、结构简单、规格少、体积很小、成本很低、工时很少、工具很少。

○—可适用、结构较简单、规格较少、体积较小、成本较低、工时较少、工具较少。

△—不太适用、结构较复杂、规格较多、体积较大、成本较高、工时较多、工具较多。

▲—很难适用、结构复杂、规格多、体积大、成本高、工时多、工具多。

×—不适用。

由于油浸纸绝缘电缆目前已不使用,具有堵油作用的浇铸式和瓷套管式电缆附件已不再选用。适用于交联聚乙烯绝缘电缆的附件有绕包、热缩、冷缩、预制装配、模塑型,其中模塑型附件主要用于26/35kV及以上电压等级交联聚乙烯绝缘电缆的接头,绕包式附件虽然价格低,但现场操作复杂,结构尺寸要求严格,现场已很少采用,因此,对于8.7/10kV及以下电压等级的交联聚乙烯绝缘电缆,常用的电缆附件是热缩型、冷缩型和预制装配式三种,在交联聚乙烯绝缘电缆埋地敷设且需接头时,通常采用防水性能较好的浇铸式接头。

5. 热缩电缆附件产品

产品型号的组成和排列顺序如下(推荐性标准):

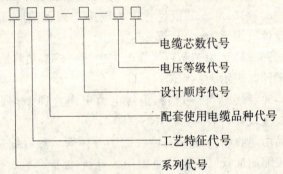

系列代号:N——户内型终端;
　　　　　W——户外型终端;
　　　　　J——直通型接头。
工艺特征代号:RS——热收缩式。
配套使用电缆品种代号:Z——纸绝缘电力电缆;
　　　　　　　　　　　塑料绝缘(交联聚乙烯绝缘)电缆省略。
设计顺序代号:按设计的先后次序(第一次、第二次……)。
电压等级代号:
　1——1.8/3kV及以下;
　2——3.6/6kV、6/6kV、6/10kV;

3——8.7/10kV、8.7/15kV；

4——12/20kV；

5——21/35kV、26/35kV。

电缆芯数代号：

1——单芯；

3——三芯；

4——四芯；

5——五芯。

举例如下：

（1）8.7/10kV 三芯塑料绝缘电力电缆户外型热收缩式终端，第1次设计，表示为：WRS-1-33；

（2）8.7/10kV 三芯纸绝缘电力电缆户内型热收缩式终端，第2次设计，表示为：NRSZ-2-33；

（3）26/35kV 单芯塑料绝缘电力电缆户外型热收缩式终端，第1次设计，表示为：WRS-1-51；

（4）8.7/10kV 三芯塑料绝缘电力电缆直通型热收缩式接头，第2次设计，表示为：JRS-2-33。

产品由热收缩绝缘管、热收缩半导体管、热收缩应力控制管、热收缩耐油管（纸绝缘电缆用）、热收缩护套管、热收缩相色管、热收缩分支套、热收缩雨罩、热熔胶、填充胶和各类绕包带、保护盒（直通接头用）、接地线等组成，每套附件以专用包装箱包装，包装箱内附有材料清单、合格证及安装工艺说明书。

对于10kV 电压等级的热缩电缆附件产品，有的厂家仍采用习惯的表示方法，用10表示电压等级为10kV，Y 表示适用于交联聚乙烯绝缘电缆，Z 表示适用于纸绝缘电力电缆，RS 表示热缩，N、W、J 分别表示户内终端、户外终端和接头，3表示3芯，用1、2、3分别表示适用的电缆截面。

目前，我国仍有油浸纸绝缘电缆在电力系统中运行，该种电缆终端的更换，和交联聚乙烯绝缘电缆的中间连接，都可采用热缩电缆附件，这是热收缩电缆附件最突出的特点。

3.2 交联聚乙烯绝缘电缆及其附件

6. 冷缩电缆附件产品

冷缩电缆附件适用于塑料绝缘电力电缆,产品的型号目前尚无统一的标准,某厂产品规格型号表示如下:

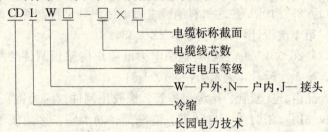

另一厂家型号规格表示为

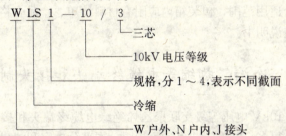

产品由硅橡胶分支护套、硅橡胶扩套管、户内或户外终端、接地线、相色 PVC 带、密封胶、润滑脂、绝缘自粘带等组成,每套附件以专用包装箱包装,包装箱内附有材料清单、合格证及安装工艺说明书。

7. 预制装配式电缆附件产品

预制装配式电缆附件适用于橡塑电缆,产品型号的组成和排列顺序如下(推荐性标准):

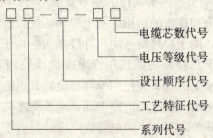

除工艺特征代号用 YZ 表示预制件装配式外，其他字母和数字的含义和热缩产品完全相同。

举例如下：

（1）8.7/10kV 三芯塑料绝缘电力电缆户外型预制件装配式终端，第 1 次设计，表示为：WYZ-1-33；

（2）26/35kV 单芯塑料绝缘电力电缆户内型预制件装配式终端，第 1 次设计，表示为：NYZ-1-51。

产品由分支套管、绝缘保护管、橡胶预制件（应力锥）、雨裙（户外用）密封带、自粘带、清洗剂、润滑脂、接地线等组成，每套预制件以专用包装箱包装，橡胶预制件包装内应附有预制件内径适用范围，包装箱内应附有材料清单、产品合格证书及安装工艺说明书。

3.3 冷缩、热缩等电缆终端头和接头制作

8.7/10kV 电压等级交联聚乙烯绝缘电缆终端头和接头的类型和规格很多，制作工艺也各不相同，本部分内容和"建筑电气工程施工质量验收规范"相对应，只介绍最常见的 8.7/10kV（15kV）电压等级，交联聚乙烯绝缘三芯电缆热缩型、冷缩型、预制装配型，电缆截面 25～240mm² 的电缆终端头的制作工艺。电缆接头在工程中也经常碰到，但使用量没有电缆终端大，这里只介绍适用于电缆沟或电缆隧道内的热缩型交联电缆接头和能直埋于地下的弹性冷浇铸式交联电缆接头。

1. 电缆终端头和接头制作的基本要求

电缆终端头和接头的选用除和电缆相匹配以外，还必须和使用环境相适应，用于户外的选用户外终端头，用于户内的选用户内终端头，用于污秽环境的选用冷缩或硅橡胶预制装配式终端头，用于直埋地下的接头应使用弹性冷浇铸式电缆接头。

在广泛使用油浸纸绝缘电缆期间，电缆终端头和接头是电缆线路的最薄弱环节，近一半的电缆线路事故是由于电缆终端头和

3.3 冷缩、热缩等电缆终端头和接头制作

接头的故障引发的,在交联聚乙烯绝缘电缆广泛使用的今天,由电缆终端头和接头的故障引发的电缆线路事故有所降低,但电缆终端头和接头仍然是电缆线路的薄弱环节,对电缆线路的安全运行十分重要,其制作的基本要求除周围环境良好和操作全过程保持清洁外,具体如下:

(1) 导体连接好

对于终端头,要求电缆线芯与接线端子(俗称线鼻子)有良好的连接。具体包括以下几个方面:

①连接点的电阻小而稳定。连接点的电阻与同型号、同长度的电缆线芯本身电阻的比值,对于新安装的电缆终端头和接头应不大于1,运行中的电缆终端头和接头应不大于1.2。

②连接点具有足够的机械强度。对于固定敷设的电力电缆,其连接点的抗拉强度,不应低于导体本身抗拉强度的60%。

③连接点应耐腐蚀。铜和铝接触时,应使这两种金属分子产生互相渗透,避免铝被电化腐蚀以及因铜、铝热膨胀系数和弹性模量的差异,使连接点产生较大间隙而影响接触。

④连接点应能耐振动。发生振动时,接点的电阻仍能满足第①条的要求。

⑤连接点的表面要求。连接点应连续、光滑、无毛刺,以免造成电场的恶化。

(2) 绝缘可靠

电缆终端头和接头的绝缘结构,应能满足电缆线路在各种情况下长期安全运行的要求,并有一定的安全裕度。

(3) 密封良好

可靠的绝缘要有可靠的密封来保证,主要是防止外界的水分及其他导电介质的浸入。

(4) 足够的机械强度

为抵御在电缆线路上可能遇到的机械应力(包括外力损伤和短路时的电动应力),电缆终端头和接头必须有足够的机械强度。

除了上述四项基本要求以外,电缆终端头和接头还应尽可能

3. 冷缩、热缩电缆头制作技术

结构简单、体积小、重量轻、省材料、成本低、工艺简单、维护方便并兼顾造型美观。

2. 电缆终端头和接头制作的特殊要求

(1) 制作热缩电缆终端头和接头的特殊要求

①热缩电缆终端头和接头适用于35kV及以下电压等级的电缆，其工作温度为$-40\sim+40$℃。

②剥除金属屏蔽层时，切口要平齐，无毛刺和凸缘，避免损伤和刺穿热缩材料。

③凡接触密封材料的部位，应仔细清洗打磨，去除油污以确保密封效果。

④切割热收缩管时，切口要平整，不应有尖角和裂口，避免在收缩时应力集中产生撕裂，应力控制管不得随意切割。

⑤金属部位包热缩材料前应对其预热，使热熔胶能充分浸润密封界面，确保密封效果。密封部位有少量胶挤出时，表明密封完善。

⑥收缩温度应控制在$110\sim130$℃（140℃时短时间不受影响），加热工具推荐用丙烷喷枪或汽油喷灯，丙烷枪宜使用发黄的柔和的蓝色火焰。汽油喷灯不宜使用蓝色硬火。开始加热时火焰要缓慢接近材料、不断移动、旋转加热，以确保收缩均匀并避免烧焦材料。

⑦火焰朝收缩方向，先预热材料便于收缩，按工艺要求的起始收缩部位和方向顺序收缩，有利于排除气体和密封。

⑧收缩完毕的热缩管，应光滑无皱折，并能清晰地看出内部结构的轮廓。

⑨准备工作：A. 检查安装材料和安装工具是否齐全、清洁；B. 校直电缆，并擦净电缆终端头和接头部位的外护套，长约1.5m；C. 将热收缩管材预先套在电缆上。

(2) 制作冷缩电缆终端头和接头的特殊要求

①冷缩电缆终端头和接头适用于35kV及以下电压等级的橡塑绝缘电力电缆，其工作温度为$-50\sim+90$℃。

②剥除金属屏蔽层时，切口要平齐，无毛刺和凸缘，避免损伤和刺穿冷缩材料。

③凡接触密封材料的部位，应仔细清洗打磨，去除油污以确保密封效果。

④切割冷收缩材料时，应用胶带固定，然后环切，严禁轴向切割；切口要平整，不应有尖角和裂口，避免产生应力集中而撕裂。

⑤由于冷缩接头为整体预制式结构，所以必须进行中心点校验，冷缩终端在套装前应对安装基准点进行标识。

⑥在收缩对位时，需要预先抽掉几圈支撑芯绳，但应注意不要抽掉太多，以免过早收缩。

⑦收缩完毕的冷缩管，应光滑无皱折，并能清晰地看出内部结构的轮廓。

⑧准备工作：A. 检查安装材料和安装工具是否齐全、清洁；B. 校直电缆，并擦净电缆终端头和接头部位的外护套，长约1.5m；C. 将冷收缩管材预先套在电缆上。

(3) 制作预制装配式电缆终端头和接头的特殊要求

①预制装配式电缆终端头和接头适用于110kV及以下橡塑绝缘电力电缆，其工作温度为$-50 \sim +90$℃。

②剥除金属屏蔽层时，切口要平齐，无毛刺和凸缘，避免损伤和刺穿绝缘层。

③凡接触密封材料的部位，应仔细清洗打磨，去除油污以确保密封效果。

④为了降低成本，预制装配式电缆头也采用热缩分支手套和热缩绝缘保护管，此部分的要求同热缩部分，采用橡胶分支手套和PVC胶带代替热缩件时，制作现场不需用火。

⑤套橡胶预制件前应用塑料带或橡胶带包缠电缆导体末端，以防止套装时擦伤预制件。

⑥套预制装配式电缆终端套时，应保证终端套内的应力锥和电缆外半导电层及铜带屏蔽紧密结合，即套入深度应事先在切剥

电缆绝缘层上做好标记。

⑦电缆终端头和接头中橡胶件的密封应可靠。

⑧准备工作：A. 检查安装材料和安装工具是否齐全、清洁；B. 校直电缆，并擦净电缆终端头和接头部位的外护套，长约1.5m；C. 需预先套入的管件应先套在电缆上。

3. 热缩型交联聚乙烯绝缘电缆终端头制作工艺

（1）型号规格，见表3-3-1。

8.7/10kV 热缩型交联聚乙烯绝缘电缆终端头型号规格表　　表3-3-1

型　号	适用电缆规格（mm^2）
10RSYN—3/1、10RSYW—3/1	25～50
10RSYN—3/2、10RSYW—3/2	70～120
10RSYN—3/3、10RSYW—3/3	150～240

（2）主要材料，见表3-3-2。

热缩型交联聚乙烯绝缘电缆终端头主要材料表　　表3-3-2

序号	材料名称	备　注
1	三指套	Φ70～Φ110
2	绝缘管	（Φ30～Φ40）×650（户内终端头450）
3	应力控制管	（Φ25～Φ35）×150
4	雨裙	Φ35～Φ40（户内终端头无此项）
5	相色管	（Φ35～Φ40）×50
6	绝缘付管	（Φ35～Φ40）×100
7	填充胶	
8	接地线	
9	焊锡丝	
10	接线端子	与电缆线芯相配，采用DL或DT系列

（3）热缩型交联聚乙烯绝缘电缆终端剥切尺寸，如图3-3-1。

（4）热缩型交联聚乙烯绝缘电缆户外终端成品，如图3-3-2。

（5）热缩型交联聚乙烯绝缘电缆终端头制作工艺如下：

3.3 冷缩、热缩等电缆终端头和接头制作

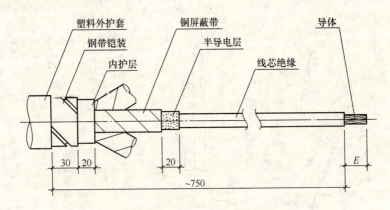

图 3-3-1　热缩型交联聚乙烯绝缘电缆终端剥切尺寸图

注：E＝接线端子孔深＋5mm。

1) 固定电缆末端：先校直电缆末端并固定，按图 3-3-1 所示，留出接线端子压接长度 E，对户外终端量取 750mm（户内终端量取 550mm），在量取处刻一环痕。

2) 剥切电缆：

①顺着电缆方向破开塑料层，然后向两侧分开剥除。

②在护层断口处向上略低于 30mm 处用铜线绑扎铠装层作临时绑扎，并锯开钢带。

③在钢带断口处保留内衬层 20mm，其余剥除，摘去填充物，分开线芯。

3) 焊接接地线：

①预先将编织软铜带一端拆开分均三份，重新编织后分别绕包各相屏蔽并绑牢固，焊接在铜带上。如有铠装应将编织线用扎线绑扎后和钢铠焊牢。

②将靠近铠装处的编织带用锡填满，形成防潮段，编织带填锡的长度约为 20mm。

4) 安装分支手套：

①在三相交叉处和根部包绕填充胶，使其外观平整，中间略呈苹果形，最大直径大于电缆外径约 15mm。

3. 冷缩、热缩电缆头制作技术

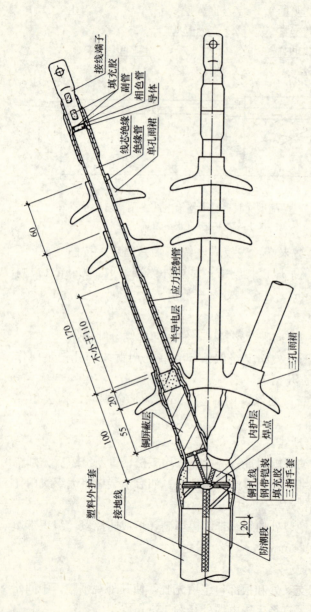

图 3-3-2 热缩型交联聚乙烯绝缘电缆户外终端成品

注：①热缩型交联聚乙烯绝缘电缆终端头适用于 8.7/10kV 及以下电压等级的交联聚乙烯绝缘电缆。
②铜带屏蔽层保留长度在三指套入后才能确定。
③终端头所需材料由厂家配套供给。

3.3 冷缩、热缩等电缆终端头和接头制作

②清洁安装分支手套处的电缆护套。

③套进分支手套，尽量往下，然后用微火环绕加热，由手指根部往两端加热收缩固定，待完全收缩后，端部应有少量胶挤出，说明密封良好。

5) 剥切分相屏蔽及半导电层：

①由手套分支端部向上留 55mm 铜屏蔽层，割断屏蔽带，断口要整齐。

②保留 20mm 半导电层，其余部分剥除，剥切应干净，但不能伤及线芯绝缘。对残留的半导电层可用清洗剂擦拭干净或用细纱布打磨干净。

6) 安装应力控制管：

①清洁绝缘屏蔽层、铜带屏蔽表面，确保绝缘表面无炭迹，套入应力管；应力管下部与铜屏蔽搭接 20mm 以上。

②用微火加热使其收缩固定。

7) 压接接线端子：

①确定引线长度 E（E＝接线端子孔深＋5mm）剥除线芯绝缘，剥切端部应削成锥形。

②清洗线芯和接线端子内孔，用细砂布或锉刀将其不平处打磨平整，压接接线端子。

③清洁线芯、接线端子表面，用填充胶带填充绝缘和接线端子之间及压坑、填充胶带与线芯绝缘和接线端子均搭接 5～10mm，使其平滑过渡。

8) 安装绝缘管：

①清洗线芯绝缘，应力管及分支手套表面。

②将绝缘套管套至三叉根部，管上端应超出填充胶 10mm 以上，由根部往上加热固定，并将端子处多余的绝缘管加热后割除。

9) 安装副管及相色管：将副管套在端子接管部位，先预热端子，由上端起加热固定，再套入相色管在端子接管处或再往下一点加热固定。户内终端安装完毕。

10) 安装雨裙：

①对于户外电缆终端，在绝缘管固定后，再清洗绝缘表面，套入三孔雨裙位置如图3-3-2所示，定位后加热固定。

②按图3-3-2中尺寸，安装单孔雨裙，将其端正后加热收缩固定，再安装副管及相色管，户外终端制作完毕。

4. 热收缩型交联聚乙烯绝缘电缆接头制作工艺

（1）电缆接头的型号规格有10RSYJ—3/1、10RSYJ—3/2、10RSYJ—3/3三种，分别适用于 25～50mm²、70～120mm²、150～240mm² 的交联聚乙烯绝缘三芯电缆。主要材料见表3-3-3。

热收缩型交联聚乙烯绝缘电缆接头主要材料表　　表3-3-3

序号	材料名称	规格（mm）	数量
1	应力疏散胶		
2	应力管	($\phi 30 \sim \phi 40$)×100	6
3	填充胶		
4	四氟带		
5	内绝缘管	($\phi 30 \sim \phi 40$)×670	3
6	外绝缘管	($\phi 40 \sim \phi 50$)×400	3
7	半导电管	($\phi 50 \sim \phi 65$)×420	6
8	内护套管	($\phi 80 \sim \phi 120$)×800	2
9	铜屏蔽网	截面大于6（mm²）	3
10	连接管	配合相应的导体截面	3
11	接地编织铜线	10（mm²）	1
12	金属护套管		1
13	金属端护套		2
14	外护套管	($\phi 100 \sim \phi 140$)×1000	2
15	硅脂膏		
16	密封胶		
17	PVC带		
18	铜扎线	1/$\phi 2.1$（mm²）	

注：本表材料适用 25～240mm² 相同截面的交联聚乙烯绝缘电缆的连接，材料的管径按连接电缆相应的截面供应。

(2) 热缩型交联聚乙烯绝缘电缆接头剥切尺寸,如图3-3-3。
(3) 热缩型交联聚乙烯绝缘电缆接头成品,如图3-3-4。

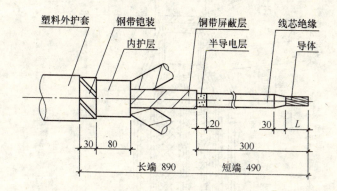

图3-3-3　热缩型交联聚乙烯绝缘电缆接头剥切尺寸
注：$L=1/2$ 连接管长+5mm。

(4) 热缩型交联聚乙烯绝缘电缆接头制作工艺如下：
1) 剥切电缆。
①将两端电缆对直,固定电缆,重叠200mm。
②按图3-3-3所示尺寸,剥切电缆外护套,在距断口40～50mm处的铠装钢带上绑扎铜线（或打卡子）,去除其余的钢带,保留20mm内护层（两端电缆剥切长度不同）。
③按图3-3-4所示尺寸锯断电缆,保留电缆890mm和490mm的有效部分。
④由铜屏蔽带末端起,去除300mm的铜屏蔽带,剥去280mm的半导电层,并清除线芯绝缘表面的炭迹,用清洗剂擦拭干净绝缘表面。
⑤按连接管长度的1/2加10mm,剥除线芯绝缘,将线芯绝缘的端部削切成30mm的锥形,锥形外部应保留5mm的内半导电层。
⑥将电缆的外护套切口端100mm部分打毛,并用清洗剂洗净,套入热缩护套管。

3. 冷缩、热缩电缆头制作技术

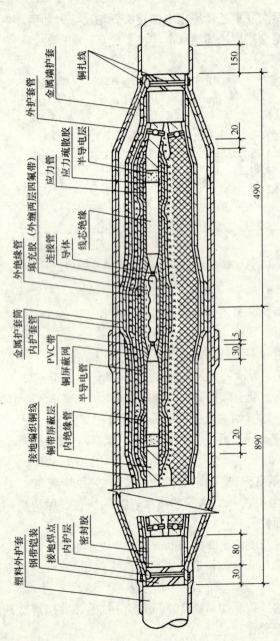

图 3-3-4 热缩型交联聚乙烯绝缘电缆接头成品

注：①热缩型交联电缆接头适用于电缆沟或电缆隧道内 8.7/10kV 及以下电压等级的交联聚乙烯绝缘电缆的连接。
②金属护套根据接头的安装环境取舍。
③电缆接头所需材料由厂家配套供应。

⑦在每相线芯一端或两端分别套入外绝缘管，内绝缘管及应力管，半导电管和铜网。

⑧将每相套入的应力管热缩固定（加热固定前，可在半导电层末端涂少许应力疏散胶），应力管应与铜屏蔽带处的半导电层相连，并搭接铜屏蔽带 20mm。

2）连接电缆。

①将电缆 A、B 两端的三相线芯导体分别插入干净的连接管内，压接好。

②用锉刀或砂纸将压接后连接管的棱角、毛刺打磨平整，用清洗剂将金属屑清洗干净，将电缆三相线芯校直。

3）包绕屏蔽层和增绕绝缘层。

①用清洗剂将电缆绝缘表面清洗干净。连接管的压坑将半导电带拉伸到原来宽度的 1/2 后半叠包绕填平连接管，并搭盖线芯内半导电层，用半导电带绕包后，应使线芯锥体外的形状比较圆滑。

②在两端的锥体包绕之间填充胶，厚度不小于 3mm。

③将内绝缘管套在两端应力管间，由中间向两端加热固定，再将外绝缘管套在内绝缘管上加热固定。

④然后将半导电管放在中部，加热收缩两端部压铜带各约 10～20mm，按顺序将三根半导电管完全收缩。

⑤将三相线芯上的铜丝网各放到中部，拉紧拉直，使其平滑紧凑地包在半导电管上，两端用铜丝扎到铜带上焊接好。

4）焊接地线、安装外护套管。

①用 PVC 带将三相线芯收拢，PVC 带由一端的内护套绕到另一端的内护套，形成接头部分的内护套层（也可用内护套管热缩减少 PVC 带的缠绕量）。

②将编织铜地线连接在两端的钢铠上。

③如有金属护套，将金属护套扣在钢铠之间，并和铜编织地线连接。

④在电缆两端已打毛的外护套上，由一端拉出一根外护套管

搭接本端外护套 100mm，从此端加热向另一端收缩。将另一端外护套管拉出，搭接本端外护套 100mm，然后从本端加热向另一端收缩包压往另一端的外护套，中间接头安装完毕，待完全冷却以后才能进行试验或移动。

5. 硅橡胶预制装配式户内交联电缆终端头制作工艺

（1）主要材料及型号规格，见表 3-3-4、表 3-3-5。

硅橡胶预制装配式户内电缆终端头主要材料表　　表 3-3-4

序号	材 料 名 称	序号	材 料 名 称
1	热缩分支手套	8	铜扎线
2	热缩绝缘保护管	9	相色带（红、黄、绿）
3	接线端子	10	焊锡丝
4	接地铜编织带	11	焊锡膏
5	清洗剂	12	清洁纸
6	硅脂	13	密封填料
7	半导电带	14	硅橡胶预制式户内终端头

注：对于矿山等防爆场所，可提供橡胶分支手套及 PVC 胶带分别代替热缩分支套及热缩绝缘保护管，并在橡胶手套与电缆外护套联接处加绕 PVC 胶带密封。

硅橡胶预制式交联电缆户内终端头套型号规格　　表 3-3-5

型号规格	适用电缆绝缘外径（mm）		相应电缆截面（mm^2）
	最 小	最 大	8.7/10kV
GCA HN-15-25	15.2	17.9	25
GCA HN-15-35	16.7	19.6	35
GCA HN-15-50	17.9	21.1	50
GCA HN-15-70	19.3	22.6	70
GCA HN-15-95	20.9	24.5	95
GCA HN-15-120	22.5	26.4	120
GCA HN-15-150	24.1	28.4	150
GCA HN-15-185	25.6	30.0	185
GCA HN-15-240	26.7	31.4	240

（2）硅橡胶预制式交联聚乙烯绝缘电缆户内终端剥切尺寸，如图3-3-5。

（3）硅橡胶预制式交联聚乙烯绝缘电缆户内终端成品，如图3-3-6。

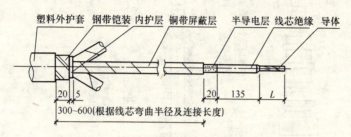

图 3-3-5　硅橡胶预制式交联聚乙烯绝缘电缆户内终端剥切尺寸
注：L＝接线端子孔深＋15mm。

（4）硅橡胶预制式户内交联电缆终端头制作工艺如下：

1）剥去电缆外护套：按安装长度需要，剥去电缆外护套，长度一般应不小于550mm，剥切尺寸如图3-3-5。

2）剥去铠装：把外护套端头以上20mm长的铠装钢带锉亮并上锡，切去上锡段以上的铠装钢带。

3）剥去内护层，将三相分开：钢铠上方保留5mm的内护层，其余剥掉，并用绝缘带将电缆每相端头屏蔽铜带暂时固定好。剥除填充料，将三相分开。

4）焊上接地铜编织带：用铜丝把接地铜编织带固定在铠装和三相铜屏蔽层上并焊牢。

5）包绕密封泥：在电缆外护套端部绕上一层密封泥，然后将接地铜编织带压入密封泥里。在外面再绕上一层密封泥。接地铜编织带埋入段须预先渗锡，以防水分渗入。

6）装上热缩手套：套上热缩手套，用喷灯加热，使其均匀收缩，密封电缆分叉处。

7）装上热缩管：根据每相长度量截热缩管。将热缩管套在每相上插至三指分叉处，用喷灯加热，使其均匀收缩。

3. 冷缩、热缩电缆头制作技术

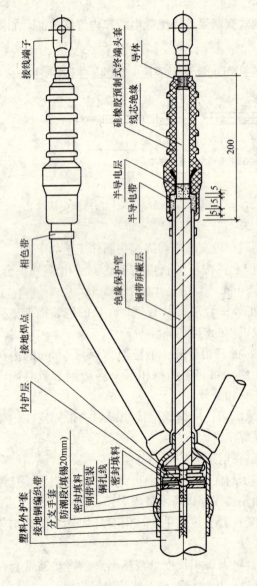

图 3-3-6 硅橡胶预制式交联聚乙烯绝缘电缆户内终端成品

注：① 硅橡胶预制式户内终端头适用于有铜带屏蔽层的交联聚乙烯绝缘电缆。
② 终端头套的选用应以电缆线芯的绝缘线芯外径为依据，相应的电缆截面仅作参考。
③ 铜屏蔽带端部半导电带绕包的厚度，应与电缆终端头套的接合部分相匹配。
④ 电缆终端头所需材料由厂家配套供应。

8) 将三相分开排列,标出接线端子下端位置:将三相按所采用的布置形式及尺寸排列。根据安装长度要求,标出电缆接线端子下端位置,此位置即图 3-3-6 中户内终端头套的终止处。

9) 剥去多余的热缩管:量取端子下端标志以下 185 mm,切去多余的热缩管(该尺寸由图 3-3-5 和图 3-3-6 得出)。

10) 剥去屏蔽铜带、外半导电层:除去热缩管端头 15mm 以上的屏蔽铜带。保留 20mm 的外半导电层,其余剥除。清理绝缘表面。

11) 缠绕半导电带:用半导电带从屏蔽铜带端头前约 5mm 半导电层处绕一层,将屏蔽铜带与外半导电层的台阶覆盖住。然后从屏蔽铜带端部起缠绕至热缩管端部以下约 5mm 并缠绕至外径与终端头套底部内径相匹配,包绕尺寸如图 3-3-6。

12) 剥去绝缘层及套装前的准备:量取接线端子标志以下 15mm,切去多余的绝缘层,按图 3-3-5 保留导体长度 L,并把绝缘端部倒角,在导体端部缠绕两层绝缘带作保护性包扎。清理电缆绝缘层、半导电层表面,将硅脂均匀地涂在绝缘层、半导电层表面。

13) 安装终端头套:套上终端头套,使导体从终端头套露出,直至半导电带缠绕体与应力锥相接触为止。

14) 安装后检查:检查半导电带缠绕体与应力锥是否接触良好。拆除导体上的绝缘带。抹去挤出来的硅脂。

15) 压接电缆接线端子:把电缆接线端子套到导体上,端子下端应与终端头套顶部接触,用压接钳压接端子。将其余二相的终端头装好。接地铜编织带套上接地端子,并压接好。至此,终端头安装完毕。

6. 硅橡胶预制装配式户外交联电缆终端头制作工艺

(1) 主要材料,见表 3-3-6。

(2) 型号规格,见表 3-3-7。

(3) 硅橡胶预制式交联聚乙烯绝缘电缆户外终端剥切尺寸,如图 3-3-7。

硅橡胶预制式户外电缆终端头主要材料表　　　表3-3-6

序号	材料名称	序号	材料名称
1	热缩分支手套	9	相色带（红、黄、绿）
2	热缩绝缘保护管	10	焊锡丝
3	接线端子	11	焊锡膏
4	接地铜编织带	12	清洁纸
5	清洗剂	13	密封填料
6	硅脂	14	塑料卡带
7	半导电带	15	硅橡胶预制式户外终端头套
8	铜扎线		

硅橡胶预制式交联电缆户外终端头套型号规格　　表3-3-7

型号规格	适用电缆绝缘外径（mm）		相应电缆截面（mm^2）
	最小	最大	8.7/10kV
GCA HW-15-25	15.2	17.9	25
GCA HW-15-35	16.7	19.6	35
GCA HW-15-50	17.9	21.1	50
GCA HW-15-70	19.3	22.6	70
GCA HW-15-95	20.9	24.5	95
GCA HW-15-120	22.5	26.4	120
GCA HW-15-150	24.1	28.4	150
GCA HW-15-185	25.6	30.0	185
GCA HW-15-240	26.7	31.4	240

（4）硅橡胶预制式交联聚乙烯绝缘电缆户外终端成品，如图3-3-8。

（5）硅橡胶预制式户外交联电缆终端头制作工艺如下：

1）剥去电缆外护套：按安装长度需要，剥去电缆外护套，长度一般应不小于750mm（剥切尺寸如图3-3-7，其中线芯绝缘

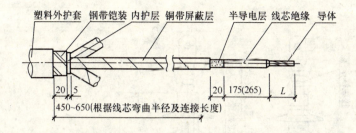

图 3-3-7 硅橡胶预制式交联聚乙烯绝缘电缆户外终端剥切尺寸
注：L＝接线端子孔深＋30mm

括号中的尺寸 265mm 适用于 240mm² 的终端，其对应的 L 为接线端子孔深加上 30mm）。

2) 剥去铠装：把外护套端头以上 20mm 长的铠装钢带锉亮并上锡，切去上锡段以上的铠装钢带。

3) 剥去内护套，将三相分开：钢铠上方保留 5mm 的内护层，其余剥掉，并用绝缘带将电缆每相端头屏蔽铜带暂时固定好。剥除填充料，将三相分开。

4) 焊上接地铜编织带：用铜丝把接地铜编织带固定在铠装和三相铜屏蔽层上并焊牢。

5) 包绕密封泥：在电缆外护套端部绕上一层密封泥，然后将接地铜编织带压入密封泥里，在外面再绕上一层密封泥。接地铜编织带埋入端须预先渗锡，以防水分渗入。

6) 装上热缩手套：套上热缩手套，用喷灯加热，使其均匀收缩，密封电缆分叉处。

7) 装上热缩管：根据每相长度量截热缩管。将热缩管套在每相上插至三指分叉处，用喷灯加热，使其均匀收缩。

8) 将三相分开排列，标出接线端子下端位置：将三相按所采用的布置形式及尺寸排列。根据安装长度要求，标出电缆接线端子下端位置，此位置即图 3-3-8 中户外终端头套的终止处（此位置在端子的挡水台内，尺寸标注线的起点位置）。

3. 冷缩、热缩电缆头制作技术

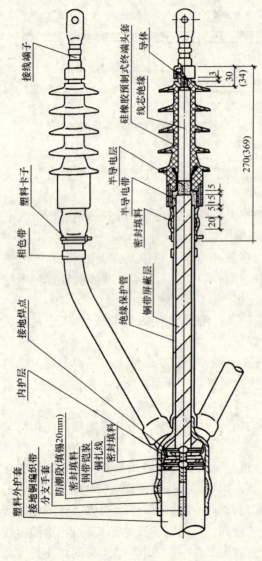

图 3-3-8 硅橡胶预制式交联聚乙烯绝缘电缆户外终端成品

注：①硅橡胶预制式户外终端头适用于有铜带屏蔽层的交联聚乙烯绝缘电缆。
②终端头套的选用应以电缆线芯的绝缘外径为依据，相应的电缆截面仅作参考。
③铜屏蔽带端部半导电带绕包的厚度，应与电缆终端头套的接合部分相匹配。
④GCAHW-15-240 型号的终端头采用括号中的尺寸。
⑤电缆终端头所需材料由厂家配套供应。

68

3.3 冷缩、热缩等电缆终端头和接头制作

9) 剥去多余的热缩管：量取端子下端标志以下 240mm（240mm² 的电缆终端为 334mm），切去多余的热缩管（该尺寸由图 3-3-7 和图 3-3-8 得出）。

10) 剥去屏蔽铜带、外半导电层：除去热缩管端头 15mm 以上的屏蔽铜带。保留 20mm 的外半导电层，其余剥除。清理绝缘表面。

11) 缠绕半导电带：用半导电带从屏蔽铜带端头前约 5mm 半导电层处绕一层，将屏蔽铜带与外半导电层的台阶覆盖住。然后从屏蔽铜带端部起缠绕至热缩管端部以下约 5mm 并缠绕至外径与终端头套底部内径相匹配，在半导电带缠绕体以下约 10mm 处包绕一层宽约为 10mm 的密封泥。

12) 剥去绝缘层及套装前的准备：量取接线端子标志以下 30mm（240mm² 的电缆终端为 34mm），切去多余的绝缘层，按图 3-3-7 保留导体长度 L，并把绝缘端部倒角，在导体端部缠绕两层绝缘带作保护性包扎。清理电缆绝缘层、半导电层表面，将硅脂均匀地涂在绝缘层、半导电层表面。

13) 安装终端头套：套上终端头套，使导体从终端头套露出，直至半导电带缠绕体与应力锥相接触为止。

14) 安装后检查：检查半导电带缠绕体与应力锥是否接触良好。拆除导体上的绝缘带，抹去挤出来的硅脂。

15) 压接电缆接线端子：把电缆接线端子套到导体上，端子下端应与终端头套顶部接触，其挡水台扣住头套的上部，用压接钳压接端子。将其余二相的终端头装好。接地铜编织带套上接地端子，并压接好。至此，终端头安装完毕。

7. 弹性冷浇铸式交联聚乙烯绝缘电缆接头制作工艺

(1) 弹性丁羟聚氨酯（浇铸剂）冷浇铸电缆接头是一种新型电缆接头，这种接头的浇铸剂在室温固化后具有高弹性，在电缆接头中起绝缘密封和填充作用，使接头的结构更加简单，性能优异。该接头的外壳用 ABS 塑料注塑成型，除有机械防护作用外，壳体内壁的电镀层能起到屏蔽作用，简化了施工工序，接头的外

形规整美观,这种接头具有以下的特点:

1) 绝缘、密封等性能优异,长期运行可靠;

2) 体积小、重量轻、易于安装,不需特殊工具,施工时间短,劳动强度低,能在各种使用条件下保证安装质量;

3) 安装时不需火源,0℃以上施工时浇铸剂不需加热;

4) 浇铸剂与PVC护套管接触物粘结紧密,其持久的弹力作用保证密封可靠;

5) 一套接头外壳能适应较多规格的电缆,使接头的规格减少。

不足处是浇铸剂的价格较高,此种接头的成本较高,但对于需埋入土中的交联接头,为了保证接头质量,使电缆运行可靠,投资大一点是可以接受的。

(2) 主要材料,见表3-3-8。

弹性冷浇铸式交联聚乙烯绝缘电缆接头主要材料表　　表 3-3-8

1	电缆密封带	6	绝缘隔板
2	接地线	7	连接管
3	铜扎线	8	BDD-50半导电带
4	弹性丁羟聚氨酯	9	YK-30应力带
5	塑料外壳(注)	10	J-30自粘带

注:外壳分1、2、3号,分别适用于95mm^2及以下、120~150mm^2、185mm^2及以上截面的电缆连接。

(3) 弹性冷浇铸式交联聚乙烯绝缘电缆接头剥切尺寸,如图3-3-9。

(4) 弹性冷浇铸式交联聚乙烯绝缘电缆接头成品,如图3-3-10。

(5) 弹性冷浇铸式交联聚乙烯绝缘电缆接头制作工艺如下:

1) 将接头附近的电缆校直,按图3-3-9的尺寸剥除电缆外护套、钢铠、内衬层,除去填料。剥切铜带,屏蔽、注意绝缘表

3.3 冷缩、热缩等电缆终端头和接头制作

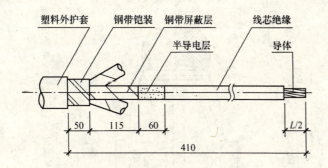

图 3-3-9 弹性冷浇铸式交联聚
乙烯绝缘电缆接头剥切尺寸

面一定要清理干净并进行打磨处理，然后去除端部绝缘 $L/2$，其长度为连接管长的一半加 5mm。

2）对齐电缆，套装连接管，压接后除去棱角、毛刺、打磨光滑并用溶剂清洗。

3）按图 3-3-10 的尺寸在屏蔽端部包绕应力带并覆盖两层绝缘自粘带，在接管上包绕半导电带并与两端绝缘各搭接 10mm。

4）按照图 3-3-10 中的位置安装两块绝缘衬板，使三线芯的位置相对固定。

5）用电烙铁将壳体上的地线与钢铠、铜带焊牢，或用喉箍卡牢合上壳体，并做好壳体密封。

6）将弹性丁羟聚氨酯中 A、B 组材料混合，搅拌均匀（观察颜色一致）后，从浇铸孔缓缓浇铸。

7）检查各密封部位，若有漏胶及时采取措施堵好，安装完毕 12h 后即可试验，试验合格后方可送电投入运行。

8. 冷缩型交联聚乙烯绝缘电缆终端头制作工艺

电缆终端的制作工艺（图 3-3-11～图 3-3-21，接地方式为分开接地）。电缆终端规格选用由电缆绝缘外径最终决定（表 3-3-9、表 3-3-10）。

3. 冷缩、热缩电缆头制作技术

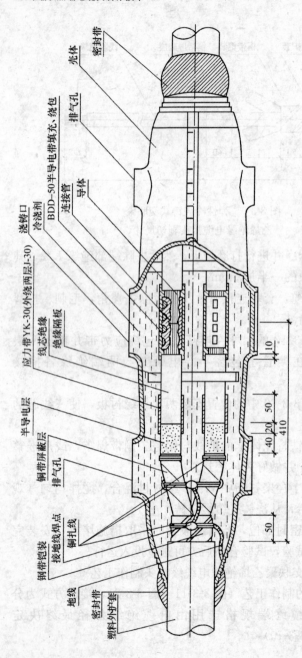

图 3-3-10 弹性冷浇铸式交联聚乙烯绝缘电缆接头成品

注：① 弹性冷浇铸式交联聚乙烯绝缘电缆接头适用于地下直埋、电缆沟或电缆隧道内 8.7/10kV 及以下电压等级的交联聚乙烯电缆的连接。
② 冷浇剂采用弹性丁羟聚氨酯，浇铸满后待空气排完时，浇铸口及排气孔上盖上防尘盖。
③ 接头所需材料由厂家配套供应。

3.3 冷缩、热缩等电缆终端头和接头制作

15kV 三芯户外冷缩终端的选用　　　　表 3-3-9

产 品 型 号	5633PST-G	5635PST-G
护套外径（mm）	20～30	25～41
绝缘外径 E（mm）	16～23	21～34
导体截面积（mm^2）	35～70	95～240
A（mm）	540	
B（mm）	接线端子孔深＋10	

15kV 三芯户内冷缩终端的选用　　　　表 3-3-10

产 品 型 号	5623PST-G	5624PST-G
导体截面（mm^2）	25～70	95～240
绝缘外径（mm）	14～22	20～33
A（mm）	560	680
B（mm）	接线端子孔深＋5	

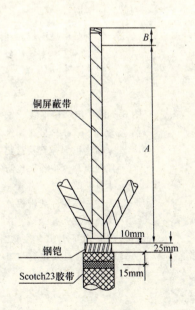

图 3-3-11　剥切护层

注：(1) 把电缆置于预定位置，剥去外护套，铠装及衬垫层开剥长度为：$A+B$，衬垫层留 10mm 由于开关柜尺寸的差异及安装方式的不同，故此处给出的 A 尺寸仅供参考，具体的电缆外护套开剥长度应根据实际现场情况确定；

(2) 再往下剥 25mm 的护套，露出铠装，并擦洗开剥处往下 50mm 长护套表面的污垢；

(3) 护套口往下 15mm 处绕包两层 Scotch23 胶带（户外头包防水胶带）；

(4) 在顶部绕包 PVC 胶带，将铜屏蔽带固定。

3. 冷缩、热缩电缆头制作技术

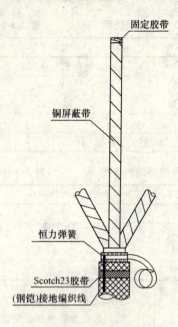

图 3-3-12 钢铠接地线安装
注：用恒力弹簧将第一条接地线固定在钢铠上。

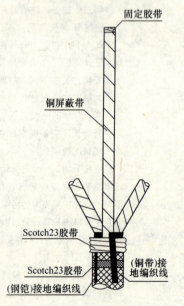

图 3-3-13 包绕接地线
注：①绕包 Scotch23 胶带两个来回将恒力弹簧及衬垫层包覆住（户外头包防水胶带）；
②先在三芯铜屏蔽带根部缠绕第二接地线，并将其向下引出（注意：第二条接地线位置与第一条相背）。

3.3 冷缩、热缩等电缆终端头和接头制作

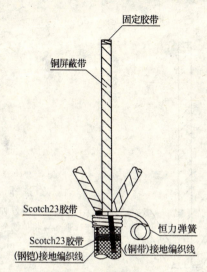

图 3-3-14 固定接地线
注：用恒力弹簧将第二条接地线固定住。

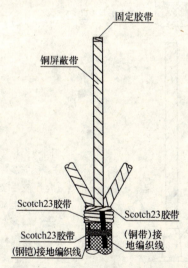

图 3-3-15 包绕恒力弹簧及接地线
注：①半重叠绕包 Scotch23 胶带将恒力弹簧全部包覆住（户外头包防水胶带）；
②在第一层 Scotch23 胶带的外部再绕包第二层 Scotch23 胶带，把接地线夹在当中，以防水气沿接地线空隙渗入（户外头包防水胶带）。

3. 冷缩、热缩电缆头制作技术

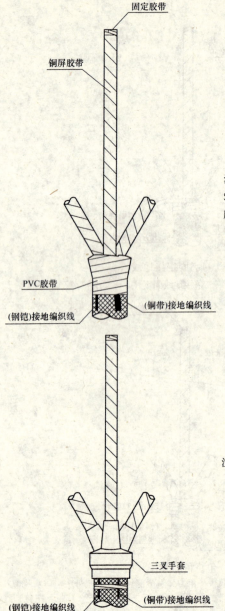

图 3-3-16 包绕防水层
注：在整个接地区域及 Scotch23 带外面绕包几层 PVC 胶带，将他们全部覆盖住。

图 3-3-17 安装分支手套
注：①安装冷缩式电缆密封分支手套。把手套放到电缆根部，逆时针抽掉芯绳，先收缩颈部，然后按同样方法，分别收缩三芯；
②用 PVC 带将接地编织线固定在电缆护套上。

3.3 冷缩、热缩等电缆终端头和接头制作

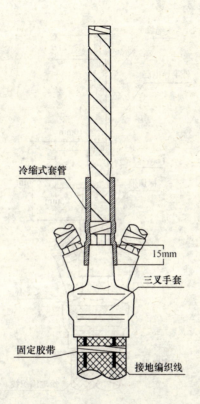

图 3-3-18 安装绝缘套管

注：①套入冷缩式直管，与三叉手指搭接 15mm，逆时针抽掉芯绳，使其收缩（户外头接至 9.1）。

②如图所示，校验从电缆顶部到冷缩式直管端口的长度尺寸 C。如 $C<250mm+B$，则进行 8.3 及以下；如 $C \geqslant 250mm+B$ 则进行 9.1 及以下。

③从冷缩时直管端口开始往下切除一段直管，尺寸为 $(250mm+B)-C$（注意：切除时，应用胶带固定，然后环切，严禁轴向切割）。

3. 冷缩、热缩电缆头制作技术

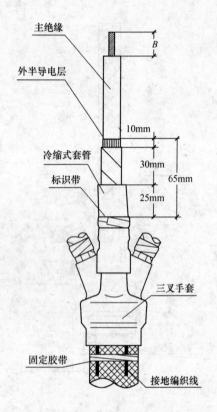

图 3-3-19　做标识

注：①冷缩式套管口往上留 30mm 的铜屏蔽带，其余的割去（户外头留 45mm）。

②铜屏蔽带口往上再留 10mm 的半导电层（户外头留 5mm），其余的全部剥去，剥离时切勿划伤主绝缘。然后清理绝缘层表面。

③按尺寸 B 切除顶部绝缘。

④套管口往下 25mm 处，绕包 PVC 带做一标识，此处为冷缩终端安装基准（户外头往下 40mm）。

3.3 冷缩、热缩等电缆终端头和接头制作

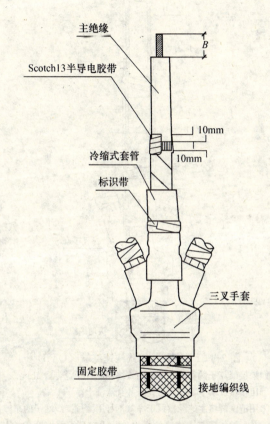

图 3-3-20 包绕半导电带

注：半重叠绕包 Scotch13 半导电带，从铜屏蔽末端 10mm 处（户外头 5mm）开始包绕过半导电层，至 10mm 处（户外头 5mm）的主绝缘上，然后返回到开始处。

3. 冷缩、热缩电缆头制作技术

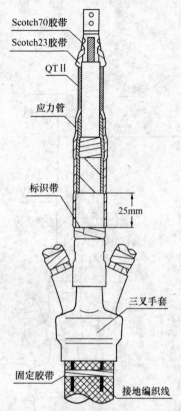

图 3-3-21 安装冷缩式快速终端（QTII）

注：1. 如果接线端子的宽度小于冷缩式终端的直径，步骤如下：
　　①压接接线端子，锉平打光，并且清洗干净。
　　②用清洗剂将主绝缘擦拭干净（不可用擦过接线端子的布擦拭绝缘）。
　　③在半导体带与主绝缘的搭接处涂上硅脂，将剩余的涂抹在主绝缘表面。
　　④套入冷缩式终端（QTII），定位于 PVC 标识带处。逆时针抽掉芯绳，使终端收缩。
　　⑤用 Scotch23 胶带填平接线端子与绝缘之间的空隙。然后，从绝缘管开始，半重叠绕包 Scotch70 胶带一个来回至接线端子上。电缆终端安装完毕。

2. 如果接线端子的宽度大于冷缩终端的直径，那么先安装终端，最后压接接线端子。

3.4 电缆终端头和接头的施工验收

由于电缆终端头和接头是由厂家提供的配套材料在施工现场制作而形成的特定产品,因此其合格与否决定于配套材料是否合格和现场制作是否合格两重因素,需遵循的标准也分成两个方面。

1. 交联聚乙烯绝缘电缆终端头和接头产品标准

GB 11033.1—1989 额定电压 26/35kV 及以下电力电缆附件基本技术要求、总则;

GB 11033.2—1989 额定电压 26/35kV 及以下电力电缆附件基本技术要求、电缆终端头;

GB 11033.3—1989 额定电压 26/35kV 及以下电力电缆附件基本技术要求、电缆接头;

GB/T 12706.4—2002 额定电压 6kV ($U_m = 7.2$kV) 到 35kV ($U_m = 40.5$kV) 电力电缆附件试验要求;

GB/T 14315—1993 电力电缆导体用压接型铜、铝接线端子和连接管;

JB 7829—1995 额定电压 26/35kV 及以下电力电缆户内型、户外型热缩式终端;

JB 7830—1995 额定电压 8.7/10kV 及以下电力电缆直通型热收缩式接头;

JB 7831—1995 额定电压 8.7/10kV 及以下电力电缆户内型、户外型浇铸式终端;

JB 7832—1995 额定电压 8.7/10kV 及以下电力电缆直通型浇铸式接头;

JB/T 8503.1—1996 额定电压 26/35kV 及以下塑料绝缘电力电缆户内型、户外型预制件装配式终端;

JB/T 8503.2—1996 额定电压 26/35kV 及以下塑料绝缘电力电缆直通型预制装配式接头。

2. 交联聚乙烯绝缘电缆终端头和接头施工标准

GB 50168—2006　《电气装置安装工程电缆线路施工及验收规范》第 6 章电缆附件的安装；

GB 50303—2002　《建筑电气工程施工质量验收规范》第 18 章电缆头制作、接线和线路绝缘测试；

D 101—1～7　《电缆敷设》国家建筑标准设计；

GB 50150—91　《电气装置安装工程电气设备交接试验标准》。

3. 交联聚乙烯绝缘电缆终端头和接头制安的质量控制

（1）制作材料的验收

①电缆终端头和接头的制作部件应由厂家成套供应，每套部件应以专用包装箱（袋）包装，包装箱（袋）内应附有材料清单、产品合格证及安装工艺说明书。

②箱（袋）内的主要材料和部件应有牌号、名称及厂名的符号，并附有合格证或验收标记，有贮存期要求的材料必须注明出厂日期和贮存期。

③包装箱（袋）上应注明制造厂厂名，产品型号，名称，产品标准号，额定电压，导体材料、截面和芯数，出厂日期等。

④宜直接向厂家或其指定代销点订货，并索取该型号产品的型式试验报告的复印件。

（2）现场制作

①制作人员按有关规定持证上岗，电缆附件生产厂家承担现场制作时应在合同中约定，明确双方的责任。

②电缆终端头和接头的制作，应遵循施工工艺规程，按厂家提供的安装工艺说明书进行。

③电缆长度应留一定的裕量，其绝缘状态良好、无受潮现象，可用 2500V 或 5000V 兆欧表测试绝缘电阻，合格后才能施工。

④电缆附件的型号规格与电缆匹配，部件应齐全，绝缘材料不应受潮，密封材料不得失效。接头所用的壳体附件应清理内

壁，预先组装，察看密封是否良好，结构尺寸是否符合相应的技术要求。

⑤施工用机具齐全，便于操作，状况清洁，消耗材料齐备，清洁塑料绝缘表面的溶剂按施工工艺准备。

⑥电缆终端头和接头的制作过程应一次完成，在室外制作6kV及以上的电缆终端头和接头时，其空气相对湿度宜为70%及以下，当湿度大时，可提高环境温度或加热电缆。

⑦电力电缆接地线应采用铜绞线或镀锡铜编织线与电缆屏蔽层连接，其截面面积不应小于表3-4-1的规定。

电缆终端接地线截面（mm^2） 表3-4-1

电缆截面	接地线截面
16及以下	接地线截面可与芯线截面相同
25～120	16
150及以上	25

⑧制作电缆终端与接头，从剥切电缆开始应连续操作直至完成，缩短绝缘暴露时间。剥切电缆时不应损伤线芯和保留的绝缘层。附加绝缘的包绕、装配、收缩等应清洁。

⑨制作热缩电缆头时，尽量使用液化气做热源，如使用喷灯时，应有一个备用喷灯，点燃后备用。火焰应调到合适温度（收缩温度110～130℃），收缩时火焰应不停移动，避免烤焦绝缘管材。

⑩电缆终端和接头应采取加强绝缘、密封防潮、机械保护等措施。6kV及以上电压的电力电缆的终端和接头，尚应有改善电缆屏蔽端部电场集中的有效措施，并应确保外绝缘相间和对地的距离。在工艺制作中，要求剥去电缆芯线外半导电层时，必须将此段绝缘表面的碳迹和剥切不干净的半导电层用砂布和清洗剂打磨清洗干净，以确保电缆终端的绝缘质量。

⑪电缆线芯连接金具，应采用符合标准的连接管和接线端子，其内径应与电缆线芯匹配，间隙不应过大；电缆线芯连接

时，应除去线芯和连接管内壁油污及氧化层。压接模具与金具应配合恰当。压缩比应符合工艺的要求。压接后应将端子或连接管上的凸痕修理光滑，不得残留毛刺。

⑫三芯电力电缆接头两侧电缆的金属屏蔽层（或金属套）、铠装层应分别连接良好，不得中断，跨接线的截面不应小于表3-4-1接地线截面的规定。直埋电缆接头的外壳及电缆的金属护层应作防腐处理。

⑬三芯电力电缆终端处的金属护层必须接地良好；塑料电缆每相铜屏蔽和钢铠应锡焊接地线。电缆通过零序电流互感器时，电缆金属护层和接地线应对地绝缘；电缆接地点在互感器以下时，接地线应直接接地；接地点在互感器以上时，接地线应穿过互感器接地。

⑭装配、组合电缆终端和接头时，各部件间的配合或搭接处必须采取防潮和密封措施。塑料电缆宜采用自粘带、粘胶带、胶粘剂（热熔胶）等方式密封；塑料护套表面应打毛，粘接表面应用溶剂去油污，粘接应良好。

⑮电缆终端上应有明显的相色标志，且与系统的相位一致。

（3）电缆终端头和接头的安装

①电缆终端头的出线应保持固定位置，并保证必要的电气距离。其带电裸露部分之间及至接地部分的最小距离不应小于表3-4-2的规定。

电缆终端的电气距离　　　　　　　　　　　表3-4-2

线电压（kV）	1	6	10
户内终端头（mm）	75	100	125
户外终端头（mm）	200	200	200

②电缆终端与电气装置的连接，应符合现行国家标准《电气装置安装安装工程母线装置施工及验收规范》GBJ 149 的有关规定。

③塑料护套电缆终端头卡子固定时应加软垫片，并列敷设的

电缆接头,其位置宜相互错开。

④电缆明敷设的接头,应用托板托置固定,对于重要的电缆线路,在电力电缆接头两侧及相邻电缆 2～3m 长的区段刷防火涂料或缠绕防火包带,必要时可用耐火槽盒封闭。

⑤电缆终端头的接地必须可靠,电缆接头的金属屏蔽层和金属铠装应恢复电缆原有的功能。

4. 电缆终端头和接头的试验和验收

(1) 电缆终端头和接头的试验

电缆终端头和接头制作完成后,和电缆本体形成一体,不可能单独进行测试,因此只需按电力电缆的试验要求对电缆进行试验,电缆试验合格,电缆及该电缆的终端头或接头便可投入运行。

新装电力电缆的试验项目,包括测量绝缘电阻,直流耐压试验及泄漏电流测量,检查电缆线路的相位三项内容,对于 8.7/10kV 电压等级的交联聚乙烯绝缘电阻,主绝缘电阻用 2500V 或 5000V 兆欧表摇测;电缆外护套绝缘电阻和电缆内衬层绝缘电阻用 500V 兆欧表摇测。主绝缘电阻测试值不作规定,可与以前的测试结果比较,但不能有明显的降低,8.7/10kV 电压等级的交联绝缘新电缆主绝缘电阻值一般不低于 $400M\Omega$。电缆外护套及电缆内衬层的绝缘电阻每千米不低于 $0.5M\Omega$。电缆线路两端的相位应一致,用 PVC 绝缘带做好标识,接到电网相同的相位上。直流耐压试验及泄漏电流的要求见表 3-4-3。

塑料绝缘电缆直流耐压试验电压标准　　　　表 3-4-3

电缆额定电压 (kV)	3.6/6	6/6、6/10	8.7/10
直流试验电压 (kV)	15	24	35
试验时间 (min)	15	15	15

电缆通过直流耐压试验而未击穿者,可认为该电缆的绝缘是合格的。

电缆泄漏电流的测量可与直流耐压试验同步进行,按直流试

3. 冷缩、热缩电缆头制作技术

验电压值的 25％、50％、75％、100％几个档次逐级升压，每升高一级电压时，停留 1min，待微安表指示稳定后记录读数，当电压升到试验电压全值时，持续时间不应超过 15min。

电缆的泄漏电流具有下列情况之一者，试验方法或电缆绝缘可能有缺陷，应查找原因，进行处理。

①泄漏电流很不稳定；
②泄漏电流随试验电压升高急剧上升；
③泄漏电流随试验时间延长有上升现象；
④各相泄漏电流不平衡系数较大。

泄漏电流值和试验电缆的长度有很大的关系，对于 500m 长的新电缆，泄漏电流一般在 $250\mu A$ 以下，不平衡系数在 1.5 以下。

（2）电缆终端头和接头的验收

①电缆终端头和接头的制作属于《建筑电气工程施工质量验收规范》GB 50303—2002 中电缆头制作、接线和线路绝缘测试分项，按检验批及分项工程质量验收的记录表格报建设单位或监理验收。

②终端头和接头部分的资料应有设计安装图样，接头的敷设位置，电缆附件和主要绝缘材料的合格证及相关的试验报告，施工安装记录，包括制作日期、天气、施工人员、电缆头和接头的规格、型号、安装材料、施工过程等。

③有试验资质的试验单位出具的电力电缆试验合格记录。
④送电前的检查、清扫，办理送电手续。
⑤按规定的程序送电，电缆及电缆附件无异常现象，相关的仪表显示正常，额定负载下电缆运行正常。

4. 给水钢塑复合管施工技术

4.1 概 况

1. 主要技术内容

钢塑复合管是近年来发展起来的一种新型管道材料，它以钢管为基体，在钢管内覆上各种塑料（如聚乙烯 PE、交联聚乙烯 PEX、耐热聚乙烯 PE-RT、聚氯乙烯 PVC、聚丙烯 PB 等）复合而成，既有钢管的刚度，又有塑料管的耐化学腐蚀、无污染、内壁光滑、不积垢、流体阻力小（在一般情况下比用同直径的钢管输送的流体量大 10%～20%，输送动力消耗降低 15% 以上，使用寿命延长 10 倍有余）等优点。镀锌钢管用于给水系统被国家明令禁止使用后，钢塑复合管开始迅速发展。目前在全国的高层建筑中，90% 以上的主管道使用钢塑复合管。北京市自来水集团公司下发了关于"禁止使用镀锌钢管，推荐使用钢塑复合管"的通知，在原建设部发布的《建设部推广应用和限制、禁止使用技术》中也规定了普通塑料管"在高层建筑中仅适用于横管"，这些规定的出台将促进钢塑复合管的发展。钢塑管作为高效节能又防腐蚀的新型管道材料，是替代热镀锌钢管的环保型产品。

钢塑复合管件内衬与管材相对应的塑料管层，与管道之间一般采用螺纹连接，大管径（≥DN100 的管道）可采用沟槽、法兰连接。管件与管道之间有橡胶密封圈，隔断了外层钢管与内部流体的接触，确保了整个管道系统的耐腐蚀性，保证给水系统的卫生性能。

钢塑复合管（管件）主要性能、技术参数如下：

（1）符合生活饮用水管材的标准，在 pH 为 8、硬度 100mg/L、有效氯 2.0mg/L 的水中，对送检钢塑复合管样品浸泡 24h，结果表明：浑浊度、色度、嗅和味、肉眼可见物、挥发酚类（以苯酚计）等23项指标全部达到卫生安全标准，符合《生活饮用水输配水设备及防护材料的安全性评价标准》GB/T 17219。

（2）钢管与塑料层结合强度高，冷水用衬塑钢管的钢与塑之间结合强度不应小于0.2MPa（20N/cm²），热水用衬塑钢管的钢与塑之间结合强度不应小于1.0MPa（100N/cm²）。

（3）弯曲/压扁性能：管径不大于50mm衬塑钢管经弯曲后不发生裂痕，钢与塑之间不发生离层现象。管径大于50mm衬塑钢管经压扁后不发生裂痕，钢与塑之间不发生离层现象。

（4）耐冷热循环性能：用于输送热水的衬塑管试件经三个周期冷热循环试验，衬塑层无变形裂纹等缺陷，其结合强度不低于1.0MPa。

（5）流体阻力小：钢塑复合管内壁光滑，摩擦系数小，流速快，不易积聚水垢，流体阻力小。

2. 技术指标

《建筑给水排水与采暖工程施工质量验收规范》GB 50242—2002

《建筑给水钢塑复合管管道技术规程》CECS 125：2001

《给水衬塑复合钢管》CJ/T 136—2001

《给水衬塑可锻铸铁管件》CJ/T 137—2001

《沟槽式管接头》CJ/T 156—2001

《低压流体输送用镀锌焊接钢管》GB/T 3091

《低压流体输送用焊接钢管》GB/T 3092

《生活饮用水输配水设备及防护材料的安全性评价规范》GB/T 17219—2001

3. 适用范围

本项技术适用于建筑生活给水、热水、中水、消防给水、市政给水等管道系统中，最大工作压力为1.6MPa。

4. 已应用的典型工程

北京国际学校、奥林匹克公园、中关村软件园、富华金宝酒店、威斯汀酒店等。

4.2 材料和机械选用

施工机具主要有套丝机、钢锯、专业滚槽机、弯管机等，钢锯、锉刀、绞丝机、管钳。

4.3 施工技术

1. 施工设计内容

(1) 工艺确认

钢塑复合管分为衬塑和涂塑两种类型。目前国内钢塑复合管厂家主要以生产衬塑复合管为主，钢管内衬聚乙烯（PE、PEX、PE-RT、PVC、PB等），其生产工艺主要有热胀法和冷拔式。

热胀法是以国标管镀锌钢管为基体，内衬已加工成型的塑料管（镀锌钢管的内径即为塑料管的外径），在塑料管外壁涂上热塑型胶粘剂，加热至一定温度，塑料管、胶粘剂膨胀使其与钢管严密粘接，牢固地结合为一体，复合后塑管的伸缩性跟着钢管走。

冷拔式采用的金属管为非国标管，钢管根据不同管径要求自行加工生产，内壁加工凸型网状花纹（即加强筋），采用冷拔工艺将塑料管与钢管紧密结合，大大加强了外层金属管与内层塑料管之间的摩擦力，有效地减少了内外管之间的热膨胀不一致的现象。但冷拔式目前没有国家及行业标准，暂时执行其自己厂家的企业标准。

(2) 材料确定

①外观检验：钢管内外表面应光滑，不允许有伤痕或裂纹等。钢管内应拉去焊筋，其残留高度不应大于0.5mm。衬塑钢管形状应是直管，两端截面与管轴线成垂直。内表面不允许有气泡、裂纹、脱皮，无明显痕纹、凹陷、色泽不均及分解变色线。

4. 给水钢塑复合管施工技术

在钢管外壁一般应标有产品的标志（商标）、生产企业的名称、执行标准号。冷热水管应标有不同颜色的色标，一般红色为热水型，蓝色为冷水型，色标应沿管外壁以延长米标记，不能采用色环，避免在安装过程中断管后五色环而混用、误用。或者是内衬的塑料管直接采用不同颜色的色母料加以区分，一般热水管为红色或橙色，冷水管为白色。弯头、三通等管件内衬塑料管应与钢管接合牢固，无空腔、无松动现象，与钢塑管段连接后，衬塑接口不得有裂缝、变形及其他异常现象，螺纹连接件内应垫有橡胶密封圈，厚度、高度应均匀，不能突出塑层凸缘。

②壁厚检查：钢管壁厚应符合《建筑给水钢塑复合管管道技术规程》CECS 125：2001 的要求，且不允许有负偏差。衬塑层厚度依据管径不同分别为：公称直径不大于 $DN65$ 的塑料管壁厚为 1.5 ± 0.2mm；公称直径 $DN65\sim DN25$ 的塑料管壁厚为 2.0 ± 0.2mm，公称直径 $DN150$ 的塑料管壁厚为 2.5 ± 0.2mm。

③液压试验：钢塑管在常温条件下，3.0MPa 的水压下持续 5min 无渗漏现象；管件在常温条件下，经 2.5MPa 的水压下持续 1min 无渗漏现象。

(3) 供货厂家的确定

在给水钢塑复合管生产工艺确定后，在对具备加工能力厂家进行资质审查、实地考察后，确定供货厂家并将样品封存。

(4) 供应方式的确定

给水钢塑管直管段一般为 6m 长，管材、管件应由厂家配套供应。沟槽连接时应提供配套的压槽机。

(5) 施工流程的确定

施工准备 → 选择管道连接方式 → 现场加工管材 → 管道连接、安装 → 试压、消毒及冲洗管道 → 管道安装质量验收

2. 施工工艺

(1) 管材的切割

钢塑复合管截管时宜采用锯床，切割时管端应垂直平整，不

得采用砂轮切割机,不能采用气焊、套丝机切割等方法,避免在切管过程中因管子温度过高而引起衬塑层变形、融化、脱离、损坏等现象,造成管材不必要的浪费,甚至影响生活饮用水的卫生性能指标。

(2) 管道的连接

钢塑复合管的连接方式同镀锌钢管基本一样,以螺纹连接、法兰连接、沟槽连接为主,另外还有较为方便的卡环式连接。给水钢塑管不能采用焊接连接,否则对镀锌管的锌层产生破坏,焊接的温度会导致衬塑层融化、剥离钢管。

①螺纹连接:采用自动套丝机加工螺纹,外圆必须正常(不椭圆、无损伤),否则要切除不正常部分,圆锥形螺纹应符合有关国家标准,并应采用标准螺纹规检验。金属管端的毛边用细锉修光,并清除管端和螺纹内的油水和金属切屑,用专用绞刀进行衬塑管倒角。管端、管螺纹清理加工后应进行防腐密封处理。管子与管件连接处,外露的螺纹表面损伤部位应做防腐处理。钢塑管不得与阀门、给水栓直接连接,应采用专用过渡接头,与其他材质的管子、配件、附件连接时,都应采用专用过渡接头。管材螺纹连接绞牙长度应与管件根部的橡胶密封垫圈压紧吻合,形成二次密封。避免管道在使用过程中水与钢管直接接触而产生腐蚀。

管材与管件连接处,由于管件内壁的衬塑层有一定高度的凸缘,且与管材衬塑层的内径不是完全相同,所以系统在此处会发生口径变化,通径损失大,影响管内介质的流量。系统长期运行后,管内介质不可避免会含有杂物,容易聚积在凸缘处,滋生细菌,影响水质。设计单位应充分考虑这些因素,在给水工程中建议不要使用小管径的管材,如 $DN15$ 的管道内径只有 9mm。

②法兰连接:钢塑管的法兰有凸面板式平焊和凸面带颈螺纹钢制管法兰,连接时钢塑管上应绞螺纹密封用的管螺纹,其牙型应符合有关规程的要求。安装时注意将内衬塑料管外翻在法兰端面上衬塑不损伤。法兰连接适用于工作压力小于 2.5MPa 的管道安装。

③沟槽连接:管径不小于 $DN100$ 的钢塑管可采用沟槽连

接，管道压槽应用专门的滚槽机，管端至沟槽段的表面应平整，无凹凸、无滚痕，在压槽过程中严禁管子出现纵向位移和角位移，不得损伤钢管的镀锌层及内壁的衬层，用力应均匀，出现衬层与钢管脱离现象时，应切断废弃重新压槽。沟槽件内应采用天然硅橡胶密封圈（符合生活饮用水的水质标准）密封。管道安装时，管子端口应安装端面防腐圈，沟槽件离墙面距离不小于200mm，接头不得埋设在墙体、梁、楼板、柱内，在管段上每4~5个连续的刚性接头间，应设置1个挠性接头，进水立管底部应设固定支架，横管沟槽件的两侧均应设置吊架、托架。

④卡环连接：主要以内筋嵌入式衬塑管为代表，有专用的卡套配件。安装时根据需要长度切下所需管材，按照安装说明书的要求用滚槽机压槽。对 $DN50$ 以下的管件安装，将螺母套入管子，再将卡环装入已滚好的槽内，然后依次装入垫圈及密封环，端面密封圈置入管件承插孔底部，再将管子插入承插孔，最后用扳手将螺母拧紧。对 $DN65$ 以上的大管件连接，附件安装顺序与上述一致，最后将与接头法兰盘连接拧紧螺栓。卡环式连接由于附件与管材完全独立，这样不会造成管道缩径，没有通径损失，有利于管内介质流动，而且连接操作比较方便，但在管井空间有限的情况下会受到一定的限制，如图4-3-1。

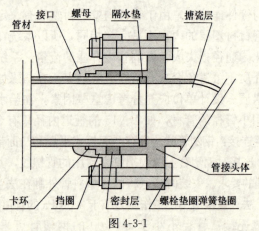

图 4-3-1

(3) 成品保护

给水钢塑管材、管件在装卸、搬运时应小心轻放，且避免油污，不得抛、摔、滚、拖。应与镀锌钢管分开堆放，冷热水管也应分别码放，避免混合使用。管道安装间歇或完成后，管子敞口处应及时封堵，同时应尽量防止管道污染。

4.4　质量检验评定标准

给水钢塑复合管安装的质量评定主要依据《建筑给水排水及采暖工程施工质量验收规范》GB 50242—2002，辅以其他相关的规程。

管道安装过程中，施工单位应及时做好自检，并通知监理进行验收，包括中间验收、竣工验收等。暗装的管道应及时做好隐蔽验收，立管的垂直度、横管的水平度等均应符合验收规范的要求。

管道安装完毕后即可进行管道系统的压力试验，应分冷水、热水、中水给水等系统分别打压。打压前全面检查各安装管件是否安装到位，且牢固可靠，检查管道（横干管、立管）支吊架规格、最大间距是否符合规范要求，坡度符合设计要求。压力试验的介质应采用清水，试验压力、持续时间应按设计要求和执行有关规范。

生活饮用水管道在交付使用前，应对管道系统进行冲洗和消毒，并经有关部门取样检验，符合《生活饮用水标准》才可交付使用。

5. 给水管道卡压连接技术

5.1 概况（包括适用特点）

1. 主要技术内容

建筑给水薄壁不锈钢管道是一种取代镀锌钢管最理想的管材，可以有效地避免水质的"二次污染"。不锈钢卡压式管件连接技术等摒弃了螺纹连接、焊接、胶接等传统给水管道连接技术，具有保护水质卫生、抗腐蚀性强、使用寿命长以及优良的力学性能等主要特征。

薄壁不锈钢水管及不锈钢卡压式管件的材料一般采用sus304、sus316 或 sus316L 奥氏不锈钢，符合食品级要求。O形密封圈采用丁基橡胶，耐热水、抗老化、抗添加剂，适用于饮用水。不锈钢卡压式管件的基本组成是端部U形槽内装有O形密封圈的特殊形状的管接件。组装时，将不锈钢水管插入管件中，用专用封压工具封压，封压部分的管件、管子被挤压成六角形，从而形成足够的连接强度，同时由于密封圈的压缩变形产生密封作用。

主要优点是：

① 产品突出特点：在于优质的不锈钢材料选择和先进的接头工艺技术。

② 抗腐蚀性强：采用优质不锈钢，表面特殊处理，抗腐蚀性强，产品使用寿命长达50年以上，与建筑物等寿命。

③ 卫生性好：在使用寿命内均能够满足我国、日本、欧洲以及其他国家饮用水标准的要求。

④ 抗冲击性强：水管强度是镀锌钢管的2倍、铜管的3倍。接头强度高于水管强度。

⑤ 热传导率低：其热传导是铜管的1/25，是钢管的1/4，具

有热胀冷缩缓慢的特点,热膨胀系数与铜管相近,仅为 PP-R 管、UPVC 管的 1/4。

⑥接头内壁通畅:产品接口与水管等径,阻水性小。

⑦节约材料:采用了薄壁式,重量仅为镀锌管的 1/3,大量节约了材料,减轻了产品重量,特别适用于超高层建筑的配管。

⑧施工简单,操作时间短:产品为无螺纹连接,无复杂的套丝作业,无焊接时的前后处理,无施工切削或衔接时的污染,用专用工具封压,管件连接瞬间完成。

⑨产品美观实用:表面抛光处理,外表靓丽大方,经久耐用,不管是新安装,还是长时间使用过,均能与新装潢的环境配套,明管给居民一种温馨、高雅的感觉;在旧房旧管道改造时使用,不需破坏墙面和地板,同时这种不锈钢管防腐耐酸、抗大气腐蚀风化等能力极强。

⑩综合成本合理:由于管材采用薄壁不锈钢,管件品种齐全,其造价相对低廉,在保证安全、长寿命等性能的前提下,与优质铜管、PEX 管等供水系统的价格相差不大。

⑪环保:寿命周期以后,可 100% 回收或回炉。

基于在国内外发展和应用概况、管材的各种连接方式和独特的性能,建筑给水薄壁不锈钢管道是给水系统中综合性能最好的管种之一,而"建筑业 10 项新技术"中指明:薄壁不锈钢卡压式连接技术是采用不锈钢水管专用连接管件的新型、耐久连接管件,具有保护水质卫生、抗腐蚀性强、使用寿命长以及优良的力学性能等主要特征。目前,随着我国分质供水等绿色环保工程的迅速发展,建筑给水工程对薄壁不锈钢给水管道的需求日益增加,发展潜力较大如图 5-1-1、图 5-1-2。

2. 技术指标

《不锈钢卡压式管件连接用薄壁不锈钢管》GB/T 19228.2—2003;

《不锈钢管卡压式管件》GB/T 19228.1—2003;

《不锈钢管卡压式管件用橡胶 O 形密封圈》GB/T

图 5-1-1　薄壁不锈钢给水卡压式管件连接成品

图 5-1-2　薄壁不锈钢管材（部分已做防腐处理）

19228.3—2003；

《建筑给水薄壁不锈钢管管道工程技术规程》CECS 153：2003

《建筑给水排水与采暖工程施工质量验收规范》GB 50242—2002；

《建筑给水金属管道安装－薄壁不锈钢管》04S407—2（薄壁不锈钢管及塑覆薄壁不锈钢管的不同连接及安装方法，内容包括卡压式、承插氩弧焊式、压缩式、对接氩弧焊式、活接式、法兰氩弧焊式、卡箍法兰式等连接方式）；

《生活饮用水输配水设备及防护材料的安全性评价规范》[卫法监发（2001）161 号文附件]。

3. 适用范围

不锈钢卡压式管件连接技术使薄壁不锈钢卡压式连接水管可以广泛地应用于给水、排水、热水、饮用水、采暖等管道系统中。

公称直径：$DN15 \sim DN100$。

工作压力：最大 1.6MPa。

工作温度：$-20 \sim 110℃$。

连接形式：卡压连接。

4. 已应用的典型工程

薄壁不锈钢卡压式连接水管在国内已经得到广泛应用,比较典型的工程有：北京人民大会堂冷热水工程、财政部办公楼直饮水工程、上海汤臣花园热水工程、上海F1国际赛车场冷热水工程、奥运村直饮水工程等。

5.2 材料和机械选用

施工工具选用配套的旋转式管道切割器、专用卡压工具、六角量规，以及充电式封压工具、电动切管机、手动切管器、画线器和六角量规钳口等。

5.3 施工技术

1. 工艺确认

首先要考虑建筑给水薄壁不锈钢管道系统宜全部采用薄壁不锈钢制管材、管件和附件，由单一厂家提供定型生产的管道及配件，并保证系统档次和质量标准的合理性、一致性。当与其他材料的管材、管件和附件相连接时，应采取防止电化学腐蚀的措施。一般可采用奥氏体不锈钢0Cr18Ni9（304），而腐蚀性要求高的地方，如埋地敷设的薄壁不锈钢管，采用奥氏体不锈钢0Cr17Ni12Mo2（316）和00Cr17Ni14Mo2（316L），并应对管沟或外壁采取防腐蚀措施。管道不得直接浇筑在钢筋混凝土结构层内。

薄壁不锈钢管的壁厚为0.6～2.0mm，由不锈钢带或不锈钢板，通过制管设备用自动氩弧焊等熔焊焊接制成的管材。

O形密封圈一般采用丁基橡胶，当使用温度大于80℃时宜采用硅橡胶，耐热水、抗老化、抗添加剂，更适用于饮用水。

具体连接方式，目前国内应用较多的有卡压式、卡套式、压缩式、可挠式、法兰、转换接头等，也可采用焊接。对不同的连接方式，应分别符合相应标准的要求。但对于允许偏差不同的管材、管件,不得互换使用。

建筑给水薄壁不锈钢管道不同的连接方式的性能见表 5-3-1。

建筑给水薄壁不锈钢管道连接方式及性能　　表 5-3-1

形 式	连接原理	适用范围	性能简析	备 注
卡压式	工具压紧连接	≤DN100 明装、暗敷	安装便捷,DN50 以上卡压效果逐步下降	以带有特种密封圈的承口管件连接管道,用专用工具压紧管口而起密封和紧固作用的一种连接方式,属机械连接,管径越大,配管、管件、密封圈产生变形越困难
压缩式	螺纹压缩连接	≤DN50 明装、暗敷	接头可拆卸,使用管径范围窄	用螺母紧固,使管口部分的套管通过密封圈压缩起密封作用的一种连接方式,螺纹连接属传统的管道连接
可挠式	螺纹推紧连接	≤DN60 明装、暗敷	防震、抗基础下沉能力强,成本高,适用管径范围有限	管件锥形承口和锥形密封圈有伸缩与可挠功能
焊接式或法兰	氩弧焊焊接或法兰连接	>DN100 明装、暗敷	适用范围广,对中、高档建筑的给水管,尤其在机房、管道井、嵌墙等场合,更具有优势,现场操作要求较高	奥氏体不锈钢具有良好的焊接性能,对管壁厚度有要求

将以上性能进行综合，进行比较，见表5-3-2。

不同连接方式性能比较　　　　表5-3-2

内　容	综合性能比较	结　论
适用管径范围	焊接式或法兰最大，压缩式最小	焊接式、卡压式适用范围较广泛，总体满足工程需要
安装简易度	卡压式最简单，焊接式最复杂	卡压式安装简捷
防震抗基础下沉	可挠式特点突出	可挠式抗灾能力强
管件连接性能	焊接式或法兰、可挠式较好	耐压高，气密性好，拉拔力大相对较好
使用寿命	焊接式或法兰最好	连接寿命长

对于建筑给水薄壁不锈钢管道不同连接方式，可根据最适合特定工程的某种具体工况选用，卡压式连接综合使用性能相对较好。具体而言，面对建筑给水薄壁不锈钢管道连接，选用时应注重建筑物的档次（如按建筑类型和功能分高、中、低档），注重水质对安全性、卫生性的要求（如冷水、热水、直饮水），注重水压要求（各种连接方式都受压力和管径大小的制约），更应注重敷设场所（如明装、嵌墙等直埋式、管道井和机房间等非直埋式）差异的种种因素，做出综合性能与效果的最佳选择。

2. 材料确定

（1）型式检验

工厂首次制造或产品转产生产的试制定型鉴定，正式生产后结构、材料、工艺有较大改变，国家质量监督机构提出进行型式检验要求时，都应进行型式检验。型式检验应在一批管件中任取5只进行检验，若有一项不合格时，必须在审查设计、工艺等基础上，用两倍数量的产品进行复验，复验时有一件不合格，即认为型式检验不合格。

（2）出厂检验

出厂检验包括外观检验、水压性能试验、气密性能、连接性能、耐压试验、拉拔试验、振动试验、压力波动试验、卫生要求等。其中外观检验、水压性能试验是必须的，其他试验可根据用户要求进行，需要在订货时先行说明。出厂检验每批应抽样5%（不少于5只），检验结果如有一项不合格时，应用两倍数量的产品对该项进行复检，若再不合格，则该批产品不得出厂。检验时应由供方质量部门进行检验，保证产品质量符合标准的规定，并填写质量证明书。产品应成批提交验收，每批应由同一牌号、同一规格尺寸、同一工艺制造的产品组成，每批数量应不大于2000只。

外观检验：外观应清洁光滑，焊缝表面应无裂纹、气孔、咬边等缺陷，其外表面允许有轻微的划痕，但不应有明显的凹凸不平和超过壁厚负偏差的划痕，纵向划痕深度不应大于名义壁厚的10%。在日光或灯光照明下用目测法检验（可用5倍放大镜），以及用精度符合规定极限偏差要求的通用量具进行尺寸检验。

水压性能试验：每批产品应抽样5%（不少于五只）进行水压性能试验，试验压力为2.45MPa，在该压力下，持续15s后，管件应无渗漏和永久变形。试验介质为自来水，试验用压力表精度不低于1.5级，表的刻度值为1.5~2倍的试验压力。

气密性能：用于气体介质或型式检验时应进行气密性能试验，用于液体介质的气密试验压力为0.6MPa，用于气体介质的气密试验压力为1.7MPa，试验介质为洁净的压缩空气，完全浸入水中持续10s后，应无气泡出现。

连接性能：用户要求时或型式检验时管件应进行连接性能试验，试件为等径对接头两端分别与适当长度的薄壁不锈钢水管卡压连接，组成一组试样，进行耐压试验、拉拔试验、振动试验和压力波动试验。

耐压试验：进行耐压试验时，试验压力为2.45MPa，在该压力下，持续2min后，管件和管子连接部位应无渗漏和脱落现象。试件两端与长度为200mm的薄壁不锈钢水管卡压连接，组成一组试样，进行耐压试验，试验介质为自来水，其试验压力为

2.45MPa，保压 2min，检查管件与管子的连接部位是否有渗漏和脱落现象。

拉拔试验：进行拉拔试验时，以 1～4mm/min 的速度进行拉伸，直至管件与管子脱离为止，此时的拉伸力应大于最小抗拉阻力。试件两端与长度为 200mm 的薄壁不锈钢水管卡压连接，组成一组试样，固定在拉伸试验机上，以 1～4mm/min 速度进行拉拔，直至管件与管子脱离为止，检查此时的拉伸力是否大于最小抗拉阻力。

振动试验：进行振动试验时，试验压力为 1.75MPa，在该压力下，持续 10 万次振动数，管件和管子连接部位应无渗漏和脱落现象。试件两端与长度为 500mm 的薄壁不锈钢水管卡压连接，组成一个试样，在试件附近固定一端，并与水压试验泵连接，加压至 1.75MPa 并保压，试验介质为自来水。在试样的另一端端部进行振动，持续振动 10 万次后，检查管件与管子的连接部位是否有渗漏和脱落现象。

压力波动试验：进行压力波动试验时，从 0 加压至 1.75MPa 为一个循环，持续 1000 个循环时，管件和管子连接部位应无渗漏和脱落现象。试件两端与长度为 500mm 的薄壁不锈钢水管卡压连接，组成一组试样，在 5s 时间内从 0 加压至 1.75MPa 为一个循环，试验介质为自来水，持续 1000 个循环时，管件和管子连接部位应无渗漏和脱落现象。

卫生要求：用户要求时或型式检验时，用于输送饮用净水和生活饮用水的管件，浸泡后的卫生要求应符合《生活饮用水输配水设备及防护材料的安全性评价标准》GB/T 17219 的规定。

出厂及标识：经出厂检验合格后的产品上应标上制造厂商标和规格的标志。经检验合格后的产品应放入洁净的塑料袋内并封口，装进纸质包装箱或者木质包装箱内，箱内应附有质量证明书。质量证明书内容包括：供方名称、产品名称、材料牌号、规格标准号、订货合同和产品标准规定的各项检验结果和制造厂质量部门的印记、包装日期等。

3. 供货厂家确定

在薄壁不锈钢给水管道工艺和原材料确定后,在对具备加工能力厂家进行资质审查、实地考察后,确定供货厂家并将样品封样。

4. 供应方式的确定

薄壁不锈钢给水管道系统应全部采用薄壁不锈钢制管材、管件和附件,由厂家负责配套,并提供足够使用的专用工具。

5. 施工流程的确定

施工流程如下:

施工准备 → 管段长度及插入长度确定 → 不锈钢管的切断和切断面的处理 → 画线 → 预装配 → 插接 → 卡压、封压作业 → 试验、消毒并冲洗管道 → 安装质量检验和工程竣工质量

施工流程中的重点环节包括管段长度的确定、插入长度的确定、不锈钢管的切断和切断面的处理、画线、预装配、插接、卡压、封压作业、试验、安装质量检验等。

(1) 管道安装工程施工应具备条件

管道安装工程施工应具备下列条件:施工设计图纸和其他技术文件齐全,并经会审或审查;施工方案或施工组织设计已进行审批和技术交底;材料、施工人员、施工机具等能保证正常施工;施工现场的用水、用电和材料贮放场地条件能满足需要;提供的管材和管件符合国家现行有关产品标准,其实物与资料一致,并附有产品说明书和质量合格证书。

施工前应了解建筑物的结构,并根据设计图纸和施工方案制订与土建工程及其他工程的配合措施。安装人员应为专门人员、应经专业培训(试制样品合格、试压检验以及断面检查等),熟悉薄壁不锈钢管和管件的性能,掌握操作要点。由于管道卡压连接以一次成型为好,修改不便,因而这方面的工作非常重要。

建筑给水系统使用的薄壁不锈钢管的规格,可按设计要求或按《建筑给水薄壁不锈钢管管道工程技术规程》CECS 153:

2003规定选用，注意使用公制系列避免采用日标系列。建筑给水薄壁不锈钢管管道所选用的管材和管件，应具有国家认可的产品检测机构的产品检测报告和产品出厂质量保证书；生活饮用水用的管材和管件，还应具有卫生防疫部门的认可批件。管件与管材，其内、外径允许偏差应分别符合现行国家标准《不锈钢卡压式管件连接用薄壁不锈钢管》GB/T 19228.2和《不锈钢卡压式管件》GB/T 19228.1等规定，其他连接方式的允许偏差应符合国家现行有关标准的规定。对管材和管件的外观和接头应进行认真检查，管材、管件上的污物和杂质应及时清除。管道包装长度有4m或6m两种，也可以根据工程具体情况选用。

管道明敷时，应在土建工程粉饰完毕后进行安装。安装前，应首先复核预留孔洞的位置是否正确。薄壁不锈钢管固定支架间距不宜大于15m，热水管固定支架间距的确定应根据管线热胀量、膨胀节允许补偿量等确定。当热水薄壁不锈钢管的直线段长度超过15m时，应采取补偿管道的措施。当公称直径不小于40mm时，宜设置不锈钢波形膨胀节，其补偿量按1.21mm/m计算（供水温度不大于75℃时）。固定支架宜设置在变径、分支、接口及穿越承重墙、楼板的两侧等处。活动支架的间距管径不大于DN25的可以采用塑料管卡，采用金属管卡或吊架时，金属管卡或吊架与管道之间应采用塑料带或橡胶等软物隔垫。在给水栓和配水点处应采用金属管卡或吊架固定；管卡或吊架宜设置在距配件40～80mm处。活动支架的最大间距（mm）见表5-3-3。

活动支架的最大间距（mm）　　　　表5-3-3

公称直径	10～15	20～25	32～40	50～65
水平管	1000	1500	2000	2500
立管	1500	2000	2500	3000

管道明敷时，还应采取防止结露的措施。对明装管道，其外壁距装饰墙面的距离：公称直径10～25mm时应为40mm；公称

直径 32~65mm 时应为 50mm。管道穿过楼板时应设置套管，套管可采用塑料管；当穿过屋面时应采用金属套管，套管应高出地面、屋面 50mm，并采取严格的防水措施。

管道暗敷时，应在封闭前做好试压和隐蔽工程的验收记录。管道敷设不得有轴向弯曲和扭曲，穿过墙或楼板时不得强制校正。当与其他管道平行时，应按设计要求预留保护距离，当设计无规定时，其净距不宜小于 100mm。

管道嵌墙敷设公称直径不大于 20mm 的热水配水支管，可采用覆塑薄壁不锈钢水管，管道宜采用卡压式连接，不得采用卡套式等螺纹连接方式，管道应水平或垂直布置在预留或开凿的凹槽内，槽内薄壁不锈钢管应采用管卡固定；公称直径大于 20mm 的热水管应采取保温措施，且保温材料应采用不腐蚀不锈钢管的橡塑等材料。保温层厚度应经计算确定。

在引入管、折角进户管件、支管接出和仪表接口处，应采用螺纹转换接头或法兰连接。埋地管要在管外壁包裹防腐带。

（2）管道系统的配管与连接

管道系统的配管与连接应按下列步骤进行：按设计图纸规定的坐标和标高线绘制实测施工图；按实测施工图进行配管；制定薄壁不锈钢管和管件的安装顺序，进行预装配；现场安装连接及检查等。

管段长度的确定应注意根据图纸和现场条件，参照管道走向、布置，合理确定管段长度，减少不必要的接头，以及考虑管道接头时方便操作，以及实现将部分管道预制完成。

配管时，管材在切割前应确认没有损伤和变形；截管工具宜采用产生毛刺和切屑较少的旋转式管道切割器；截管的端面应平整，并垂直于管轴线；为避免刺伤封圈，请使用专用除毛器或锉刀将毛刺完全除净（管端如带有毛刺、切屑或粘附的异物，当插入接头本体时会导致密封圈损坏不能完全结合而引起渗漏）；切割时不要用过大的力以防止管径失圆；当使用锯割方式切断，应用锉刀对管端进行垂直度修整，并作倒角处理。

5.3 施工技术

为保证管子插入的长度尺寸符合要求，保证连接质量，对切断的管端处理后，必须用画线器在管上进行画线，做出标记。

薄壁不锈钢管管道的连接，当采用不锈钢卡压式管件（不锈钢卡压式管件端口部分有环状 U 形槽，且内装有 O 型密封圈，安装时，用专用卡压工具使 U 形槽凸部缩径，且薄壁不锈钢水管、管件承插部位卡成六角形）时，其安装应符合：

①安装前准备，用专用画线器在管子端部画标记线一周，以确认管子的插入长度，插入长度应满足接头本体插入长度，按表 5-3-4 所示确定管子的切割长度，切割插入长度的误差应在插入长度±2mm 以内。

卡压式管件连接时插入长度（mm） 表 5-3-4

公称直径	插入长度基准值	公称直径	插入长度基准值
10	18	40	47
15	21	50	52
20、25	24	65	64
32	39		

②应确认 O 型密封圈已安装在正确的位置上，安装时严禁使用润滑油，以免油脂使密封圈变性失效，应将管子垂直插入卡压式管件中，不得歪斜，注意不要碰伤橡胶圈，以免 O 型密封圈割伤或脱落造成漏水，插入后，应确认管子上所画标记线距端部的距离，公称直径 10～25mm 时为 3mm，公称直径 32～65mm 时为 5mm。

③用卡压工具进行卡压连接时，使用卡压工具前应仔细阅读说明书，把封压工具钳口的环状凹部对准管件端部内装有橡胶圈的环状凸部进行封压，卡压工具钳口的凹槽应与管件凸部靠紧，工具的钳口应与管子轴心线呈垂直状，开始作业后，凹槽部应咬紧管件，直到产生轻微振动才可结束卡压连接过程，卡压时应按住卡压工具，直到解除压力，压力不足是导致接头漏水降低性能的原因，如图 5-3-1。

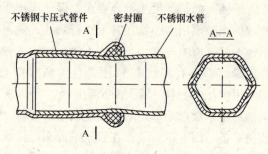

图 5-3-1

④卡压连接完成后，应采用六角量规检查卡压操作是否完好，确认尺寸是否正确，封压处完全插入六角量规即封压正确，如卡压连接不能到位，应将不良工具送修，卡压不当处，可用正常工具再做卡压，并应再次采用六角量规确认，当与转换螺纹接头连接时，应在锁紧螺纹后再进行卡压，如出现量规不能放入卡压处对边时，应切断后重新安装。

上述安装过程中应特别注意不要刺伤管件中的O型密封圈；管件要确实插入至画线标记处的正确位置；不要忘记封压作业。

（3）成品保护

管材、管件在装卸、搬运时应小心轻放，且避免油污，不得抛、摔、滚、拖。薄壁不锈钢管、管件不宜与水泥浆、水泥、砂浆、拌合混凝土直接接触。管道安装间歇或完成后，管子敞口处应及时封堵。薄壁不锈钢管与阀门、水表、水龙头等的连接应采用转换接头，严禁在薄壁不锈钢水管上套丝。安装完毕的干管，不得有明显的起伏、弯曲等现象，管外壁应无损伤。管道不得攀踏、系安全绳、搁搭手架、用作支撑等。

5.4 质量检验评定标准

管道系统应根据工程性质和特点进行中间验收和竣工验收。中间验收由施工单位会同工程监理单位进行，竣工验收由建设单位全面负责或委托工程监理单位进行。必要时，设计单位可参与联合验收。中间验收、竣工验收前施工单位应先进行自检。

暗装、嵌装管道隐蔽前的验收，应着重检查管道支撑、套管、管道伸缩补偿措施，并进行通水能力检验和水压试验。

管道系统的水压试验：管道的安装符合安装规定后，方可进行水压试验；水压试验压力为管道系统工作压力的1.5倍，且不得小于0.6MPa；水压试验前，应检验试压管道是否已采取安全有效的固定和保护措施。供试验的接头部位应明露；水压试验合格后方可进行管道保温及后续土建施工。水压试验时，监理人员要到场观察、做好记录，并出具验收书面报告。

水压试验应将试压管段末端封堵，缓慢注水，将管内气体排出；管道系统注满水后，进行水密性检查；对管道系统加压宜采用手动泵缓慢进行，升压时间不应小于10min；升至规定的试验压力后停止加压，观察10min，压力降不得超过0.02MPa；然后将试验压力降至工作压力，对管道作外观检验，以不漏为合格；管道系统加压后发现有渗漏水或压力下降超过规定值时，应检查管道，在排除渗漏水原因后，再按以上规定重新试压，直至符合要求；在温度低于5℃的环境下进行水压试验和通水能力检验时，应采取可靠的防冻措施，试验结束后，应将存水放尽。

生活饮用水管道在试压合格后，应进行消毒并冲洗管道。饮用水管道在试压合格后宜采用0.03‰高锰酸钾消毒液灌满管道进行消毒。消毒液在管道中应静置24h，排空后，再用饮用水冲洗。饮用水的水质应达到现行国家标准《生活饮用水卫生标准》GB 5749的要求。冲洗前，应对系统内的仪表加以保护，并将有碍冲洗工作的节流阀、止回阀等管道附件拆除，妥善保管，待冲洗后复位。

安装工程质量验收时，应注意：室内管道系统的坐标的允许偏差埋地为15mm，架空或地沟为10mm，标高的允许偏差埋地为±10mm，架空或地沟为±5mm；明装水平管道纵、横方向的弯曲的允许偏差每1m为5mm，每10m小于10mm，立管的垂直度的允许偏差每 1m 为 3mm，高度超过 5m 小于 10mm；平行管道和成排阀门位置在同一直线上、间距的允许偏差为 3mm；敷设水平管宜具有 0.002～0.003 的放空坡度。

工程竣工质量应符合设计要求和《建筑给水排水及采暖工程施工质量验收规范》GB 50242—2002、《建筑给水薄壁不锈钢管管道工程技术规程》CECS 153：2003 的规定。竣工验收应重点检查和检验下列项目：管位、管径、标高、坡度和垂直度等的正确性；连接点或接口的整洁、牢固和密闭性；温度补偿设施、管道支承件和管卡的安装位置和牢固性；给水系统的通水能力检验等。检查时应按设计要求同时开启的最大数量配水点是否全部达到额定流量。对特殊建筑物，可根据管道布置，分层、分段进行通水能力检验，并检查管道系统阀门的启闭灵活性和仪表指示的灵敏性。

主要参考文献

[1] 全国电线电缆标准化技术委员会. 电线电缆标准汇编—电力电缆及附件卷. 北京：中国标准出版社，2003.

[2] 国家建筑标准设计 93D168. 电力电缆终端头及接头. 中国标准设计研究所.

[3] 于景丰，赵锋编著. 电力电缆实用技术. 北京：中国水利水电出版社，2003.